蜂窝状压电式微机械超声波换能器设计及其应用研究

贾利成　著

中国原子能出版社

图书在版编目（CIP）数据

蜂窝状压电式微机械超声波换能器设计及其应用研究 /
贾利成著 -- 北京 ：中国原子能出版社，2024. 8.
-- ISBN 978-7-5221-3575-5

Ⅰ. TB552

中国国家版本馆 CIP 数据核字第 2024VW4956 号

蜂窝状压电式微机械超声波换能器设计及其应用研究

出版发行	中国原子能出版社（北京市海淀区阜成路 43 号　100048）
责任编辑	王　蕾
责任印制	赵　明
印　　刷	河北宝昌佳彩印刷有限公司
经　　销	全国新华书店
开　　本	787 mm×1092 mm　1/16
印　　张	11.25
字　　数	162 千字
版　　次	2024 年 8 月第 1 版　2024 年 8 月第 1 次印刷
书　　号	ISBN 978-7-5221-3575-5　　定　价　86.00 元

前　言

　　基于 MEMS 技术设计的压电式微机械超声波换能器（Piezoelectric micromachined ultrasonic transducer，PMUT）具有结构紧凑、与主流系统级封装（System-in-package，SiP）技术兼容、体积小、易实现二维阵列、易与水和空气实现阻抗匹配等优点，已成为超声波换能器领域的重点研究对象和关注焦点。PMUT 主要依靠压电材料的逆压电效应和压电效应来实现声能、机械能和电能的相互转换。因此，根据 PMUT 的能量转化形式可以实现不同领域的高性能应用开发。本书针对早期心肺疾病筛查不足的问题和高性能水听器的迫切需求，基于蜂窝状 PMUT 阵列开发了一种电子听诊器样机并设计了一套高性能水听器系统。开发的基于蜂窝状 PMUT 阵列的电子听诊器样机可以实现持续心肺信号采集，远程监测和数字化智能诊断；设计的基于蜂窝状 PMUT 阵列的水听器系统与基于压电陶瓷的市售大体积水听器相比具有更高的声压灵敏度和更低的等效噪声密度。针对应用于电子听诊器和水听器的 PMUT 阵列高灵敏度的需求，设计 PMUT 敏感单元采用六边形结构，并按照仿生蜂窝状结构进行排列。设计的蜂窝状 PMUT 具有高填充率和高灵敏度的优势。

　　本书重点通过对蜂窝状 PMUT 数值模型的建立和等效电路等效模型推导，建立蜂窝状 PMUT 的特征参数表达式。依据得到的参数表达式结合有限元模型对蜂窝状 PMUT 进行设计和工艺实现，并将加工的蜂窝状 PMUT 阵列进行高性能电子听诊器样机开发和水听器系统实现。本书的主要研究内容如下：

　　① 详细阐述了蜂窝状 PMUT 的结构特性，在此基础上采用分段法对

1

设计的蜂窝状 PMUT 敏感单元进行数值建模。通过建立的数值模型对蜂窝状 PMUT 的静态位移、谐振状态下的路径位移等特征参数进行了推导，并将得到的特征参数进行了实验验证。数值模型的建立为蜂窝状 PMUT 的设计提供了理论依据。然后，通过建立蜂窝状 PMUT 敏感单元等效电路模型对蜂窝状 PMUT 的关键特征参数进行推导，确定了高灵敏度蜂窝状 PMUT 敏感单元结构的几何参数。最后，通过对建立的蜂窝状 PMUT 敏感单元的数值模型、等效电路模型和有限元模型进行计算，得到了蜂窝状 PMUT 敏感单元的结构特征参数，并将得到的特征参数进行版图设计和工艺实现，最终完成蜂窝状 PMUT 阵列的设计和加工。

② 针对电子听诊器和水听器的应用需求，结合透声封装理论模型，围绕蜂窝状 PMUT 阵列封装的透声、无毒和防腐蚀等要求进行封装技术研究。最终，选取 JA-2S 浇注聚氨酯封装材料完成对蜂窝状 PMUT 阵列的封装，为基于蜂窝状 PMUT 阵列的电子听诊器和水听器应用开发提供了保障。另外，在对蜂窝状 PMUT 理论分析的基础上，对开发的蜂窝状 PMUT 进行了形貌测试、声压灵敏度测试等。最后，针对不同的应用领域，通过搭建实验室测试系统对蜂窝状 PMUT 进行了系统测试。测试结果表明了开发的蜂窝状 PMUT 阵列具有较好的收发特性。

③ 开发了一种基于蜂窝状 PMUT 阵列的电子听诊器样机，实现了对心肺音信号的连续监测。开发的基于蜂窝状 PMUT 阵列的电子听诊器样机具有小尺寸、易于封装、宽频带和高灵敏度的优势。将开发的电子听诊器样机进行临床测试，测试结果表明开发的电子听诊器样机可用于对心肺功能障碍等心肺疾病进行实时监测。

④ 随着高精尖领域声学检测需求的不断提高，高性能水听器的研发显得越来越迫在眉睫。针对高性能水听器的应用需求，本书开发了一种基于蜂窝状 PMUT 阵列的水听器系统。将开发的水听器与市售商用水听器进行对比，结果表明开发的水听器具有小尺寸、低成本、低等效噪声密度和大声压灵敏度的特点。

本书创新点如下：

①　提出了一种六边形敏感单元按照仿生蜂窝状结构进行排列的PMUT 阵列。相比于传统圆形 PMUT 阵列排布方式,提出的蜂窝状 PMUT阵列的填充率提高了 26.6%,从而有效提高了 PMUT 阵列的灵敏度。

②　率先实现了 PMUT 在心肺音听诊领域的应用,并开发了基于蜂窝状 PMUT 阵列的电子听诊器样机,实现了实时心肺音信号的临床监测。开发的基于蜂窝状 PMUT 阵列的电子听诊器样机具有宽频带和高灵敏度的优势。

③　开发了一种基于蜂窝状 PMUT 阵列的水听器。与商用水听器相比,所提出的水听器通过优化结构和压电材料将声压灵敏度和等效噪声密度都至少提高了 3 倍,同时具有更小的尺寸和更低的功耗。

目　录

第1章 绪 论

1.1 研究背景概述

根据频率范围的不同，可将声波分为次声波、可闻声波和超声波[1-3]。超声波作为传递信息和能量的一种手段，具有在水下等特定环境中传播距离远和能量易集中的特点，已被广泛应用于低频声呐系统、超声流量计、高频声呐系统、组织消融-HIFU、自动停车、手势识别、医学成像、无损检测和指纹成像等领域[4,5]。图 1-1 列出了在不同频段内声波的典型应用。

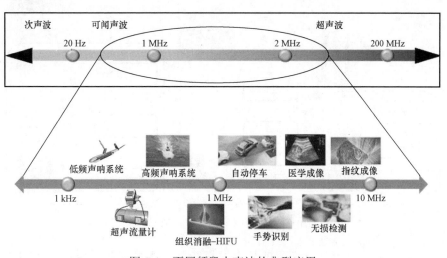

图 1-1 不同频段内声波的典型应用

超声波在进行信息和能量传递过程中，需要一个超声系统对超声波的产生、传递和检测等过程进行控制。例如，在将超声波技术应用于工业探伤、医学成像等领域时，需要一个超声系统对需要探测的深度和成像的范围等进行控制，而探测的精度和成像的质量都取决于设计的超声系统的先进性。超声换能器是超声系统的核心单元，超声波换能器的研究水平及应用广泛程度决定了超声系统的先进性。因此，对超声波换能器进行研究具有重要的意义。

1.2　超声波换能器

超声波换能器作为超声系统的核心部件，已被广泛应用于智能机器人、指纹识别等智能终端，水听器、水下成像等军工领域以及电子听诊器、手持式超声设备等医疗器械领域[6-12]。图 1-2 列出了超声波换能器在智能终端、军工及医疗器械领域的典型应用。

图 1-2　超声波换能器的典型应用

目前，市场上广泛使用的超声波换能器大多数都是采用精密切割技术在庞大的压电陶瓷片上制造的[13-17]。这种超声波换能器存在尺寸较大、不易实现高频、一致性差、成本高、不能批量化生产且不易于形成二维阵列等缺点[18]。另外，这种采用精密机械切割技术制造的超声波换能器还存在与空气和水等低密度介质声学耦合差、声阻抗不匹配等问题。从而使这种基于精密切割技术制造的传统超声波换能器越来越不能满足当前超声系统对超声波换能器小尺寸、大阵列、低成本和高性能的需求，阻碍了行业的发展。随着微机电系统（Micro-electromechanical system，MEMS）技术的发展，基于 MEMS 技术设计的超声波换能器很好的解决了采用精密机械切割技术制造的超声波换能器存在的问题。

MEMS 技术是一种利用微米级加工技术来开发和组合微型机械和电子元件的技术。基于 MEMS 技术设计的微机械超声波换能器（Micromachined ultrasonic transducer，MUT）具有微型化、可以在几微米到几毫米的范围内对器件结构进行灵活设计的特点[19-21]，从而解决了基于机械切割技术制备的传统块状压电式超声波换能器大尺寸和在高频设计方面的局限性。另外，基于微加工技术开发的 MUT 还具有易于实现二维阵列、功耗低、易与水等低密度介质实现声学耦合、易与其驱动和检测电路进行系统集成和以低成本进行大规模生产等特点[22-24]。

根据驱动机制的不同，基于 MEMS 技术设计的微机械超声波换能器可以分为压电式微机械超声波换能器[25-27]和电容式微机械超声波换能器（Capacitive micromachined ultrasonic transducer，CMUT）[28-36]。PMUT 和 CMUT 在不同的应用领域中各有优势，存在技术互补的特点。

1.2.1　电容式微机械超声波换能器

CMUT 本质上是一个微型电容器，目前报道的一种典型的 CMUT 结构是由真空腔和被真空腔隔开的分别位于真空腔上方的振动薄膜，位于真空腔下方的衬底和位于振动薄膜和衬底上的电极组成[37-42]。报道的一种典型的 CMUT 敏感单元横截面结构示意图，如图 1-3 所示。

  CMUT 一种典型的工作原理是通过在电极上施加交流电压驱动振动薄膜发生振动或改变振动薄膜与衬底之间的电容值来实现电能、机械能和声能的互相转换[43-49]。即当 CMUT 工作在发射模式下时，CMUT 的振动薄膜在交流电压信号的驱动下发生振动，振动薄膜的振动会带动周围工作介质进行振动，从而发射超声波。在接收模式工作时，CMUT 在外界声源辐射的声压信号作用下，使 CMUT 的振动薄膜发生偏转，进而使振动薄膜和衬底间的电容值发生变化[50-52]。CMUT 的一种接收声压信号的方法是通过设计合适的后端检测电路将变化的电容值转化为易识别的电压信号进行处理，从而实现对外界声源辐射的声压信号的接收。

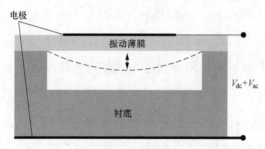

图 1-3 一种典型 CMUT 敏感单元横截面图

  基于 MEMS 技术制备的 CMUT 具有可以灵活设计其振动薄膜尺寸和腔体尺寸的特点。灵活的振动薄膜和腔体设计使得 CMUT 易于通过改变振动薄膜和腔体尺寸等结构参数来调节 CMUT 器件的工作频率和带宽等性能参数。CMUT 一般采用微米级或纳米级的振动薄膜，并采用弯曲模式进行工作，从而使 CMUT 容易实现低的声阻抗，易与空气和水等低声阻抗介质实现较好的声学特性匹配。CMUT 容易实现低声阻抗的特点使得 CMUT 在振动薄膜设计和加工时无须考虑表面匹配层的影响，进而可以提高 CMUT 的透声能力[53-61]。另外，基于 MEMS 工艺实现的 CMUT 还具有易于实现二维阵列、低成本等特点。

  在对 CMUT 进行设计时，为了增加 CMUT 的灵敏度，需要在 CMUT

的上电极和下电极之间设计合适的直流偏置电压来调节 CMUT 振动薄膜的刚度和电容值的大小。在对 CMUT 的上电极和下电极之间施加直流偏置电压后，会在 CMUT 振动薄膜和衬底之间产生静电力，CMUT 振动薄膜在静电力的作用下会向衬底移动，从而会使 CMUT 的初始电容值和振动薄膜的刚度发生改变。当 CMUT 工作在接收模式下时，静电力会减小 CMUT 的电容值，从而会增大 CMUT 由外界声源辐射的声压引起的电容变化量，进而实现更大的接收灵敏度。当 CMUT 工作在发射模式下时，在静电力的作用下 CMUT 的振动薄膜会向衬底移动，从而会使 CMUT 的振动薄膜的刚度发生改变，从而使 CMUT 在发射模式下振动薄会产生更大的回复力，进而会输出更大的声压信号。

CMUT 振动薄膜和衬底之间的静电力，F_{CMUT}，可以表示为式（1-1）[62]。

$$F_{\text{CMUT}} = \frac{C_0 (V_{\text{dc}} + V_{\text{ac}})^2}{2g_0} \qquad (1\text{-}1)$$

其中，V_{dc} 为直流偏置电压；V_{ac} 为交流驱动电压；g_0 为 CMUT 电容间隙高度；C_0 为 CMUT 初始电容值。

根据式（1-1）可以推导出，为了使 CMUT 的上下电极之间产生更大的静电力，需要使 CMUT 具有小的电容间隙或在 CMUT 的上下电极之间施加较大的直流偏置电压。根据文献的报道[63]，为了增加 CMUT 的灵敏度需要一个较大的直流偏置电压，通常会超过 100 V。在设计基于 CMUT 的超声系统时，超过 100 V 的直流偏置电压会导致基于 CMUT 的超声系统应用于医学植入等领域时存在很大的安全隐患。另外，高的直流偏置电压也会增加基于 CMUT 的超声系统后端电路设计的复杂性，从而会限制 CMUT 在便携式超声设备中的应用。

小的电容间隙需要非常精确的工艺控制，这增加了制造工艺的复杂性，且在对 CMUT 阵列进行设计时会存在一致性不足的问题。另外，当施加的直流偏置电压使 CMUT 振动薄膜移动到超过电容间隙高度的 1/3 时，会产生吸合效应。当 CMUT 的间隙厚度不均匀时，这种吸合效应会使设计的 CMUT 可靠性较低。此外，由于小的电容间隙也会限制振动薄膜发生偏转的位移量，从而会限制 CMUT 输出声压的大小。因此，小的电容间隙设计要求会导致在对 CMUT 进行设计时不能兼顾其发射能力和接收能力，从而使 CMUT 不能满足于一些需要高收发一体性能设备的开发要求[64]。

与 CMUT 相比，PMUT 不需要大的直流偏置电压来提高其灵敏度，几伏的交流电压就可以对 PMUT 进行驱动，这在很大程度上降低了后端电路的复杂性，从而使 PMUT 更有利于应用在对便携式设备的开发。此外，PMUT 不需要通过设计亚微米级腔体来实现高的灵敏度，这也消除了 CMUT 技术小的腔体尺寸设计所面临的限制[65]。由于 PMUT 不需要大的直流偏置电压和小的腔体尺寸，因此 PMUT 技术在便携式等设备开发中已得到了广泛的关注。

1.2.2　压电式微机械超声波换能器

基于 MEMS 技术设计的 PMUT 具有易于实现大阵列、结构紧凑、功耗低以及与主流系统级封装（SiP）技术兼容的特点[28,66-71]。报道的一种典型的 PMUT 结构是由带有腔体的衬底和位于衬底上方的结构层组成。PMUT 的结构层一般是由从上到下依次为顶部电极、压电敏感层、底部电极和器件层组成。一种典型的 PMUT 敏感单元横截面结构示意图，如图 1-4 所示。

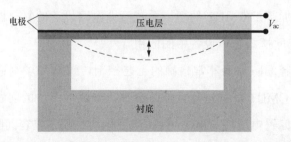

图 1-4　一种典型的 PMUT 敏感单元横截面结构示意图

PMUT 主要是依靠其压电敏感层材料的压电效应和逆压电效应来实现其声能、机械能和电能的相互转换，从而实现 PMUT 发射超声波和接收超声波的功能[72,73]。PMUT 具有发射超声波和接收超声波两种工作模式，当工作在发射模式时，交流电压信号施加到 PMUT 压电敏感层材料的极化方向上，在压电敏感层材料的逆压电效应作用下会使 PMUT 的振动薄膜发生形变，进而驱动周围介质来发射超声波。当 PMUT 工作在接收模式时，外界声源辐射的声压信号引起 PMUT 振动薄膜发生形变，在压电敏感层材料的压电效应作用下，会使 PMUT 的上下电极表面聚集两种正负相反的电荷，一种方法是通过后端电路检测电荷的变化量来实现对外界声源辐射的声压信号进行接收。

锆钛酸铅（PZT）和氮化铝（AlN）是两种最常用于设计 PMUT 压电敏感层结构的材料。与 AlN 相比，PZT 具有更好的压电系数，但 PZT 含铅且与互补金属氧化物半导体（CMOS）技术不兼容。相比之下，虽然 AlN 的压电系数低于 PZT，但是 AlN 的低介电常数导致 AlN 作为压电敏感层材料设计的 PMUT 具有更好的接收性能。另外，AlN 是无铅的，且是在低温（＜400 ℃）下进行沉积的。因此，AlN 作为压电敏感层材料设计的 PMUT 具有与 CMOS 标准制造工艺完全兼容的显著特征[74]。但是，由于 AlN 的低压电系数，这也导致基于 AlN 压电敏感层材料设计的 PMUT 存在发射灵敏度低的问题。

针对基于 AlN 压电敏感层材料设计的 PMUT 存在发射能力不足的问题，目前有很多文献对关于提高 AlN 作为 PMUT 压电敏感层材料的 PMUT 的发射灵敏度进行了报道。主要有三种方法：第一种方法是通过提高 AlN 压电敏感层材料的压电系数，例如对 AlN 进行钪（Sc）掺杂等；第二种方法是通过提高组成 PMUT 阵列的敏感单元的发射能力，如通过优化电极结构、进行差分驱动、优化压电层结构、改变敏感单元的振动模式等[75]；第三种方法是通过提高 PMUT 阵列单位面积内的有效面积，如提高 PMUT 阵列的填充因子，高的填充因子意味着单位面积内的 PMUT 阵列具有更多的有效面积，从而可以产生更大的输出声压[76]。文献中报道的关于提高 AlN 作为压电敏感层材料设计的 PMUT 发射灵敏度的方法具体列举如下：

加利福尼亚大学 David A.Horsley 教授等人[77]通过对 AlN 进行 Sc 掺杂，有效地提高了 Sc AlN 的压电系数，同时还保持了与现有基于 AlN 压电敏感层材料设计的 PMUT 制造工艺的兼容性。制作的基于 Sc AlN 压电敏感层材料的 PMUT 横截面 SEM 图，如图 1-5 所示[77]。但是，研究发现随着 AlN 中 Sc 掺杂浓度的增加，压电薄膜的刚度会降低，介电常数会增加。高的介电常数会使设计的基于 Sc AlN 压电敏感层材料的 PMUT 接收灵敏度降低。通过文献中的测试结果可以发现，使用 15%Sc 掺杂浓度的 PMUT 发射灵敏度相对于基于 AlN 压电敏感层材料的 PMUT 提高了两倍。

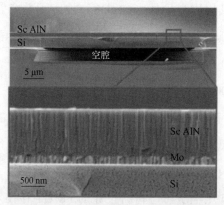

图 1-5　掺杂 Sc-AlN 提高 PMUT 的接收灵敏度[77]

高的填充因子意味着单位面积内的 PMUT 阵列具有更大的有效面积，从而会使设计的 PMUT 产生更大的输出声压。因此，在 PMUT 设计过程中实现高的填充因子可以提高 PMUT 的发射灵敏度。为了提高 PMUT 的填充因子，已有很多文献关于将 PMUT 敏感单元设计为正方形[79,80]或矩形[81]并将它们排列成行和列来提高单位面积内 PMUT 的发射灵敏度进行了报道。

为了提高 PMUT 的填充因子，加利福尼亚大学 David A.Horsley 教授等人[78]通过优化工艺，减小了 PMUT 阵元的间距，从而实现了高的填充因子，进而提高设计的 PMUT 阵列的发射灵敏度。设计通过优化工艺来提高 PMUT 填充因子的阵列结构，如图 1-6 所示[78]。

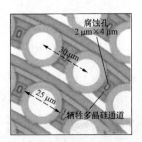

图 1-6　减小阵元间距来提高 PMUT 填充率[78]

为了提高 PMUT 的填充因子，加利福尼亚大学 David A.Horsley 教授等人[79]还提出了一种基于表面微加工工艺制造的 PMUT 阵列。提出的 PMUT 阵列采用方形敏感单元，并将方形敏感单元排列成行和列来构成 PMUT 阵列。采用表面微加工工艺制造的 PMUT 可以有效地减小阵元间距，采用方形敏感单元可以去除阵元间的非必要键合面积。文献中采用表面微加工技术和方形敏感单元设计开发的 PMUT 阵列实现了 79%的填充因子，高的填充因子使设计的 PMUT 阵列具有高的发射灵敏度。采用表面微加工工艺制造的具有方形敏感单元结构的 PMUT 阵列，如图 1-7 所示[79]。

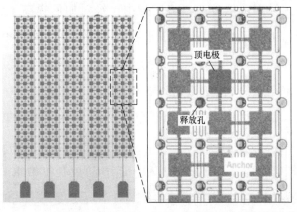

图 1-7　采用表面微加工工艺制造的具有方形敏感单元结构的 PMUT 阵列[79]

加利福尼亚大学 David A.Horsley 教授等人[81]还对比了由圆形 PMUT 敏感单元结构和方形 PMUT 敏感单元结构组成的 PMUT 阵列的填充率，并对设计的基于圆形 PMUT 敏感单元结构和方形 PMUT 敏感单元结构的 PMUT 阵列的发射灵敏度进行了对比。对比结果表明，基于方形 PMUT 敏感单元结构设计的 PMUT 阵列具有比基于圆形 PMUT 敏感单元结构的 PMUT 阵列更高的灵敏度。设计的具有圆形敏感单元结构的 PMUT 阵列和具有方形敏感单元结构的 PMUT 阵列结构图，如图 1-8 所示[81]。

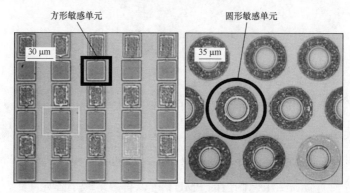

图 1-8　由方形敏感单元和圆形敏感单元组成的 PMUT 阵列[81]

为了提高 PMUT 的发射或接收能力，一般需要将多个 PMUT 敏感单元通过并行或串行进行排列来组成 PMUT 阵列。因此，为了提高 PMUT 阵列的发射灵敏度也可以通过优化构成 PMUT 阵列的敏感单元结构来提高其发射灵敏度。很多文献中已经对如何提高 PMUT 敏感单元的发射能力进行了报道。例如，通过优化敏感单元电极结构、对敏感单元进行差分驱动、优化敏感单元的压电敏感层结构、改变敏感单元的振动模式等方法来提高 PMUT 的发射灵敏度。下面列举了一部分文献中报道的关于通过优化 PMUT 敏感单元结构来提高 PMUT 阵列灵敏度的方法。

新加坡国立大学 Tao Wang 等人[82]通过在 PMUT 敏感单元振动薄膜上设计刻蚀孔来提高 PMUT 敏感单元的发射灵敏度。这是由于在 PMUT 敏感单元振动薄膜上刻蚀孔会使 PMUT 敏感单元的振动模式发生改变，从原来的类高斯运动变为类活塞运动，从而可以使 PMUT 实现更高的发射灵敏度。此外，文中还报道了通过在 PMUT 敏感单元振动薄膜上设计刻蚀孔后具有比没有在 PMUT 敏感单元振动薄膜上刻蚀孔具有更高的谐振频率。高的谐振频率使带有刻蚀孔的 PMUT 更有利于高频应用的开发。通过在 PMUT 敏感单元振动薄膜上设计刻蚀孔的 PMUT 敏感单元结构示意图，如图 1-9 所示[82]。

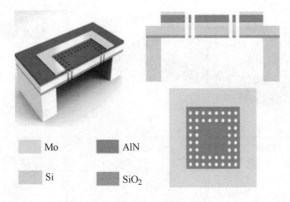

图 1-9　在 PMUT 敏感单元振动薄膜上设计刻蚀孔结构[82]

浙江大学谢金教授等人[83]为了降低残余应力对 PMUT 发射性能的影响，在 PMUT 敏感单元振动薄膜上刻蚀了带有 V 形弹簧的 PMUT 敏感单元结构。其结构示意图，如图 1-10 所示[83]。在 PMUT 敏感单元振动薄膜上刻蚀 V 形弹簧能够改变 PMUT 敏感单元振动薄膜的刚度，从而可以改善 PMUT 的局部残余应力，使 PMUT 敏感单元振动模式由原来的类高斯运动变为类活塞运动，从而有效地提高了 PMUT 敏感单元的发射灵敏度。

新加坡国立大学 Tao Wang 等人[84]发现 PMUT 敏感单元的残余应力和初始屈曲可能会降低 PMUT 的发射灵敏度，并限制其应用和商业化。为了平衡 PMUT 敏感单元的残余应力和初始屈曲，Tao Wang 等人报告了一种新的 PMUT 敏感单元电极结构，可以实现 PMUT 敏感单元具有平坦的初始振动薄膜结构。Tao Wang 等人通过将上电极布置到 PMUT 敏感单元外圈，通过外电极结构设计来平衡 PMUT 敏感单元振动薄膜的初始屈曲，这样可以使设计的 PMUT 敏感单元具有完全平坦的振动薄膜，从而可以提高 PMUT 敏感单元的发射灵敏度。图 1-11 显示了用于平衡 PMUT 敏感单元振动薄膜由于残余应力导致的初始屈曲的外电极结构示意图[84]。

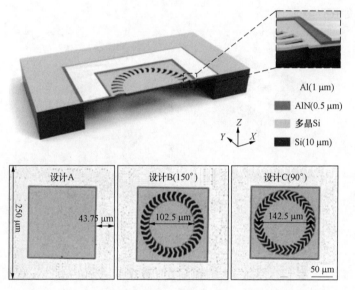

图 1-10　PMUT 敏感单元振动薄膜上刻蚀 V 形弹簧结构[83]

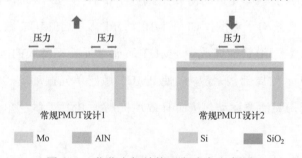

图 1-11　优化电极结构平衡残余应力[84]

加利福尼亚大学 David A.Horsley 教授等人[85]通过将 PMUT 敏感单元顶电极设计为环形电极和由环形电极包围的中心电极。与采用差分驱动的 PMUT 不同，David A.Horsley 教授等人设计的两个顶部电极以公共接地电极为参考，从而将环形带电极构成的 PMUT 和由环形电极包围的中心电极构成的 PMUT 进行了串联。这种设计有效地提高了 PMUT 敏感单元的灵敏度。环形电极和由环形电极包围的中心电极组成的 PMUT 电极结构设计图，如图 1-12 所示[85]。

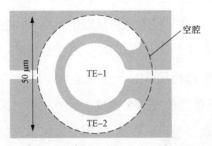

图 1-12 环形电极和由环形电极包围的中心电极的 PMUT 电极结构[85]

为了提高 PMUT 敏感单元的发射灵敏度，加利福尼亚大学 Liwei Lin 教授等人[86]提出了一种通过设计三层电极来驱动叠层 AlN 的 PMUT 结构。这种设计的优点在于可以通过差分模式对 PMUT 敏感单元进行驱动。测试结果表明，Liwei Lin 教授等人设计的采用差分驱动模式来驱动叠层 AlN 的 PMUT 敏感单元中心位移比传统单层 AlN 结构高约 400%，从而实现了高的发射灵敏度。双压电晶片设计的 PMUT 敏感单元横截面结构示意图，如图 1-13 所示[86]。

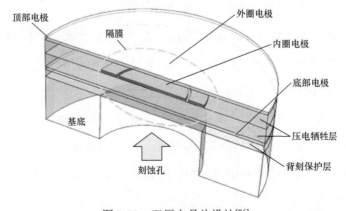

图 1-13 双压电晶片设计[86]

另外，法国 University Grenoble Alpes 的 Bruno Fain 教授等人[87]也开发了一种采用三层电极来驱动两层 AlN 压电层的 PMUT 敏感单元结构。Bruno Fain 教授等人设计将 PMUT 敏感单元的中间电极接地，最顶层电极和最底层电极设计为差分结构。在对 PMUT 敏感单元进行驱动时，设计的 PMUT 敏感单元最顶层电极和最底层电极可以使用多种搭配方式对 PMUT 敏感单元进行驱动，从而提高了 PMUT 敏感单元的发射灵敏度。这种采用三层电极驱动叠层 AlN 敏感层的 PMUT 敏感单元结构可以有效地提高 PMUT 敏感单元的发射灵敏度。另外，这种采用三层电极和叠层 AlN 敏感层的结构设计也可以提高 PMUT 敏感单元的接收灵敏度。设计的具有三层电极和叠层 AlN 压电敏感层结构的 PMUT 敏感单元横截面示意图，如图 1-14 所示[87]。

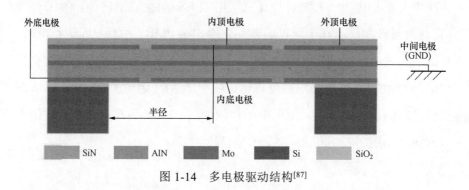

图 1-14   多电极驱动结构[87]

加利福尼亚大学 Liwei Lin 教授等人[88]设计了一种由差分模式驱动的双端口 PMUT 敏感单元结构。这种由差分模式驱动的双端口 PMUT 敏感单元设计具有比传统的单端驱动设计更高的发射灵敏度。另外，Liwei Lin 教授等人也对采用差分模式驱动的双端口 PMUT 敏感单元的发射能力进行了理论推导，并且通过实验验证了理论预测的可靠性。设计的采用差分驱动模式驱动的双端口 PMUT 敏感单元结构示意图，如图 1-15 所示[88]。

另外，加利福尼亚大学 Liwei Lin 教授等人[89]还设计了一种具有固定边界的 PMUT 敏感单元设备。这种采用固定边界设计的 PMUT 敏感单元结构有效地提高了敏感单元在谐振状态下的发射灵敏度。采用固定边界设计的 PMUT 敏感单元结构示意图，如图 1-16 所示[89]。

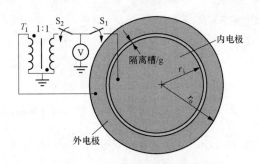

图 1-15　差分电极设计[88]

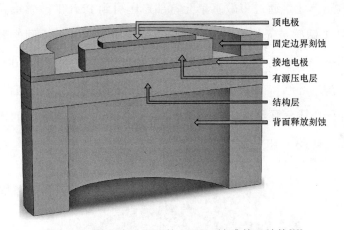

图 1-16　固定边界设计的 PMUT 敏感单元结构[89]

为了提高 PMUT 敏感单元的发射灵敏度，加利福尼亚大学伯克利分校 Liwei Lin 教授等人[90]通过弯曲的 AlN 敏感层构建了高度响应的弯曲 PMUT 器件。与相同压电材料且在横向尺寸和谐振频率相同的前提下，相比于常规设计的 PMUT 结构，采用弯曲 AlN 敏感层的 PMUT 具有更高的低频位移和更大的机电耦合系数。但是，由于这种设计工艺复杂，后面针对这种结构设计的 PMUT 鲜有报道。基于弯曲的 AlN 敏感层的 PMUT 敏感单元结构示意图，如图 1-17 所示[90]。

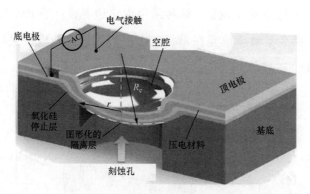

图 1-17　采用弯曲 AlN 结构的 PMUT 敏感单元横截面图[90]

南洋理工大学 Zhihong Wang 等人[91]提出了一种刻蚀有同心排气环结构的 PMUT 敏感单元。Zhihong Wang 等人提出的同心排气环结构的 PMUT 敏感单元是通过将敏感单元背部声压引到 PMUT 敏感单元正面来提高 PMUT 敏感单元的发射灵敏度。文献中通过对 9 种不同的器件设计进行了测试。测试结果表明，当设计的同心排气环的半径为 400 μm 时，带有同心排气环结构的 PMUT 敏感单元的声压级提高了 4.5 dB。提出的通过增加同心排气环结构来提高 PMUT 敏感单元发射灵敏度的横截面结构示意图，如图 1-18 所示[91]。

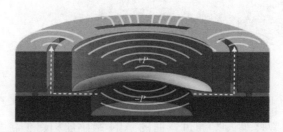

图 1-18　通过增加同心排气环结构来提高 PMUT 敏感单元发射灵敏度[91]

为了提高 PMUT 敏感单元的发射灵敏度，加利福尼亚大学 David A.Horsley 教授等人[92]提出了一种在 PMUT 敏感单元背面蚀刻阻抗匹配谐振管，增加小半径 PMUT 敏感单元声耦合的方法来提高 PMUT 敏感单元的发射灵敏度。这是由于当 PMUT 敏感单元背面蚀刻的阻抗匹配谐振管半径接近声波波长时，空气耦合 PMUT 可实现最大输出声压级（SPL）。设计的带有背面蚀刻阻抗匹配谐振管结构的 PMUT 敏感单元横截面结构示意图，如图 1-19 所示[92]。

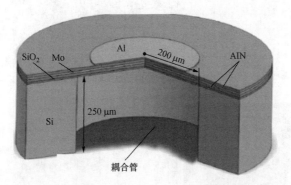

图 1-19 增加耦合管提高 PMUT 敏感单元灵敏度[92]

1.3 压电式微机械超声波换能器应用领域

近几年来随着工业化、信息化、智能化的发展，超声系统已逐渐被应用于各行各业。超声换能器可以实现声能、机械能和电能的相互转化，是超声系统的核心单元。基于 AlN 压电敏感层材料设计的 PMUT 具有与 COMS 工艺兼容、一致性好和不需要直流偏置电压来提高灵敏度等优势而受到广泛关注。目前已有很多文献对基于 AlN 压电敏感层材料的 PMUT 应用于指纹识别[29]、医学成像[93-96]、水下通信[97-100]、手势识别[101-103]、水下成像[104]、智慧医疗[105-107]等领域进行了报道。

加利福尼亚大学 David A.Horsley 教授等人[108]设计了一种具有圆形腔体，腔体直径为 50 μm，敏感单元间距为 20 μm 的小尺寸、高密度二维阵列。并将设计的这种具有小尺寸、高密度的 PMUT 二维阵列用于成像。实验结果表明，设计的基于 AlN 压电敏感层材料的 PMUT

二维阵列不需要通过物理扫描即可实时捕获高清超声图像，如图 1-20 所示[108]。

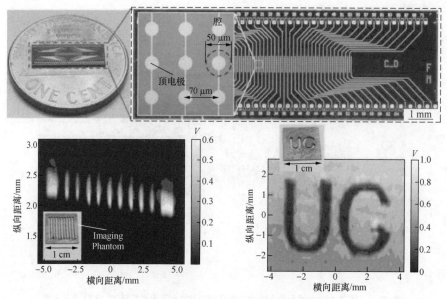

图 1-20　基于 PMUT 阵列成像应用[108]

美国RTI公司的 David E.Dausch 等人[25]开发了一种用于心内血管超声成像的小尺寸、高密度的基于 AlN 压电敏感层材料的 PMUT 二维阵列，如图 1-21 所示[25]。设计的 PMUT 二维阵列振动薄膜尺寸约为 110 μm×80 μm，工作频率约为 5 MHz。这种二维 PMUT 阵列被验证了在心脏血管中获取实时超声图像的能力。

图 1-21　封装后的用于血管内超声成像的二维 PMUT 阵列[25]

超声波指纹成像是一种脉冲回波成像技术，主要原理是超声波在不同声阻抗介质中传播时的反射效应不同。相比于光学、压力等指纹成像技术，超声波脉冲回波成像可靠性更高，可以对表皮以下的纹理进行成像，不会受手指表面的油污，受伤等因素的干扰。传统的超声波换能器主要是基于块状压电陶瓷制备的，存在与空气或水的声学耦合较差，不易形成二维阵列等缺陷。美国加利福尼亚大学 D.A.Hosley 教授[29]基于AlN 压电敏感层材料设计的 PMUT 实现了高分辨率指纹成像[29,109]，成像结果如图 1-22 所示[29]。与压电陶瓷传感器相比，基于 AlN 压电敏感层材料设计的 PMUT 显示出更低的功耗，这对便携式电子产品具有非常重要的价值。

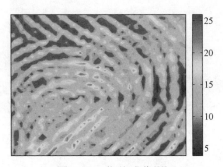

图 1-22　指纹成像[29]

水下环境比较复杂，光在混浊的水下进行探测时，会被水中的介质散射。因此，水下的复杂环境限制了光学探测的距离以及水下光学成像探测的应用。由于超声波具有极强的定向功能，穿透性较好，使其易于将声能集中传播，具有较远的探测范围。因此，超声波在水下得到了广泛应用。水下超声成像系统比光学成像系统具有探测距离远，易于成像等特点，填补了水下光学成像与声呐之间的空白。目前，水下成像系统技术已经在许多有前景的应用中发挥了重要的作用，如浅层水下地形检测、水下相机、水下渔业生态系统研究、自主水下导航等[10,110-112]。水下成像系统中的超声换能器是实现电能和声能转换的最重要的部件之一。天津大学 Wei Pang[10]等人设计了一种基于 AlN 敏感层的 PMUT 阵列，并借助限幅开关将发射和接收过程分开，从而实现水下脉冲回波检测和成像应用。成像测试系统和成像结果如图 1-23 所示[10]。

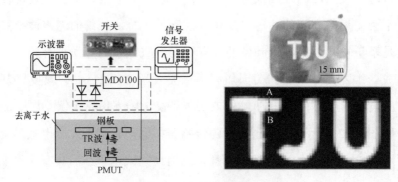

图 1-23　水下成像系统[10]

　　除了成像相关的应用外，研究人员还开展了基于 PMUT 阵列进行机载手势识别[11,113-116]的研究。加利福尼亚大学 R. J. Przybyla 教授等人[116]实现了基于 AlN 敏感层 PMUT 的手势识别，通过不接触屏幕就可以刷照片，如图 1-24 所示[116]。由于设计的 PMUT 可以集成到手机等便携式电子设备中，因此在空中进行手势识别可能是下一代电子设备的交互方式。

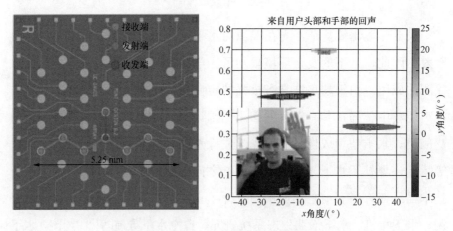

图 1-24　用于目标检测的三维测距[116]

　　由于 AlN 作为压电敏感层材料设计的 PMUT 具有小尺寸，易与人体组织实现声阻抗匹配等特点。因此，基于 AlN 压电敏感层材料设计的 PMUT 可用于植入人体中进行医学检测。新加坡科技局微电子研究院

Humberto Campanella 等人[117]设计了一款微型的基于 AlN 敏感层的 PMUT，并将设计的微型 PMUT 植入了人体中耳内，用于检测音频信号。设计的微型 PMUT 可以起到音频假体的作用[117]，如图 1-25 所示。

作为水下声学检测设备，水听器在水声通信、海洋军事、水下成像、水下定位和声呐系统中发挥着越来越重要的作用[6,8,9,111,112,118-120]。水听器是水声系统中最重要的部件之一，可用于检测和记录水下声压力信号。由于其在水中的波长较短，在水下高频（数十千赫兹以上）的传输损耗非常大。因此，水听器通常在 1 Hz 至 10 kHz 的低频下工作[121]。尽管水听器已经以多种形式为各种应用而开发，但对水听器的高灵敏度、低等效噪声密度和小型化的要求越来越高。另外，良好的线性度以进行高性能检测、小型化、低加速度和灵活部署等性能也对水听器具有非常大的吸引力。

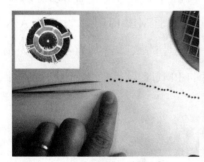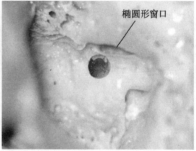

图 1-25　植入中耳内充当音频假体的微型 PMUT[117]

早在 1910 年就提出了基于大体积压电陶瓷的水听器，此后基于大体积压电陶瓷的水听器一直主导着整个水听器市场。直到现在，市场上最先进的水听器都是使用传统的精密制造技术在庞大的压电陶瓷上制造的。基于压电陶瓷的水听器设计的水听器[181]，如图 1-26 所示。基于压电陶瓷的水听器具有成本较高、体积较大，需要复杂的组装技术来形成平面阵列，阻碍了其在各种实际应用中的发展[18]。此外，这些水听器是单独制造并组装在一起形成传感器阵列，导致均匀性差和效率低。

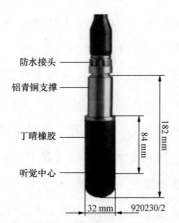

图 1-26　基于压电陶瓷水听器[181]

　　基于 MEMS 技术设计的水听器具有体积小、功耗低以及与 CMOS 标准制造工艺兼容的显著特点。另外，基于 AlN 压电敏感层材料设计的压电 MEMS 水听器由于其高性能、结构紧凑以及与半导体批量制造工艺的良好兼容性而备受关注[18-20]。因此，基于 MEMS 技术设计的 AlN 作为压电敏感层材料的 PMUT 阵列用于设计的水听器具有小尺寸，易集成的特点。基于 AlN 压电敏感层材料的 PMUT 设计的水听器，如图 1-27 所示[76]。

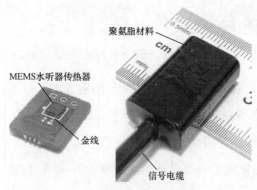

图 1-27　基于蜂窝状 PMUT 阵列的水听器[76]

　　当今世界范围导致残疾和死亡的主要原因与心血管疾病和肺部疾病

有关，尤其是在发展中国家[122,123]。降低因心血管疾病和肺部疾病导致死亡率的一种有效方法是早期发现与心血管疾病和肺部疾病相关症状的前病理生理变化，并积极实施治疗以减缓其进展。

心音信号是由心脏瓣膜的操作以及血液泵送机制产生的，频率范围在 20~1 000 Hz。心音信号包含了心脏和血管各部位的大量生理信息，可以反映心脏和血管的正常或病态状态。而肺音信号是另一个重要的生理信号，它反映了呼吸系统的健康状况。心音信号和肺音信号对综合评估个人的健康状况都是必不可少的。

机械听诊器是心血管疾病和肺部疾病的一种常用医学诊断方法。但是，机械听诊器存在主观依赖性强，不能满足对人群进行心血管疾病和肺部疾病的全面筛查、远程监测和连续监测。随着电子技术的发展，电子听诊器应运而生[124-128]。相比于机械听诊器，电子听诊器具有可以实现远程持续心肺信号监测、智能化诊断等特点。典型的电子听诊器[184]，如图 1-28 所示。在电子听诊器中，声学传感器用于捕获微弱机械声学心肺信号，是电子听诊器的主要单元。在对电子听诊器进行设计时，为了提高听诊的便携性和准确性，声学传感器必须具备高噪声分辨率、高声压灵敏度和小尺寸的特点。为了获得高性能的电子听诊器，已经有很多基于不同类型的声学传感器的电子听诊器进行了报道，如麦克风、仿生水听器和加速度计已被用作电子听诊器中的声学传感器元件。而基于 PMUT 阵列设计的电子听诊器具有高噪声分辨率、大声压灵敏度、尺寸紧凑且易于封装的显著特点[146]。

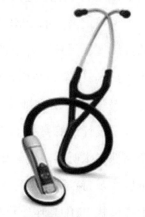

尽管 PMUT 已经在很多领域有了深入的研究，并在多个领域中表现出了很大的潜力，但它也存在一些局限性。为了克服 PMUT 的一些固有局限性，国内外许多学

图 1-28　典型的电子听诊器[184]

者已经做了很多研究。本书为了提高 PMUT 的灵敏度，采用六边形腔体结构设计 PMUT 敏感单元结构，并将六边形敏感单元按照仿生蜂窝状结构排列，有效地增加了 PMUT 的填充率，从而提高了 PMUT 的灵敏度。

1.4 本书的总体研究方案及内容安排

基于 AlN 压电敏感层材料设计的 PMUT 因其具有与 CMOS 制造工艺完全兼容，适合大规模生产的特点，已成为目前超声波换能器领域的重点研究对象和关注焦点。但是，相比于 PZT，AlN 具有低的压电系数和低的相对介电常数。低的压电系数导致基于 AlN 压电敏感层材料设计的 PMUT 不易于实现高的发射灵敏度。而低的相对介电常数会使基于 AlN 压电敏感层材料的 PMUT 更易于实现高的接收灵敏度，这种特性使得基于 AlN 压电敏感层材料设计的 PMUT 更有利于应用于水听器、电子听诊器等设备开发。

针对 PMUT 高灵敏度的设计需求，本书采用六边形 PMUT 敏感单元结构，并将六边形 PMUT 敏感单元结构按照仿生蜂窝状结构进行排列来提高 PMUT 阵列的灵敏度。这样设计的蜂窝状 PMUT 阵列实现了高的填充率，使单位面积的 PMUT 阵列具有更多的有效面积，从而使其具有更高的灵敏度。另外，为了提高蜂窝状 PMUT 的灵敏度，本书相关研究工作还包括 Sc 掺杂、结构设计与优化、简化工艺流程等。

本书针对早期心肺疾病筛查不足的问题和高性能水听器的迫切需求，基于设计的蜂窝状 PMUT 阵列开发了一种电子听诊器样机和设计了一套高性能水听器系统。开发的基于蜂窝状 PMUT 阵列的电子听诊器样机可以实现持续心肺信号采集，远程监测和数字化智能诊断。然后，对基于蜂窝状 PMUT 阵列开发的水听器进行了系统的表征。并将开发的基于蜂窝状 PMUT 阵列的水听器系统与基于压电陶瓷的市售大体积水听器进行了对比，结果表明基于蜂窝状 PMUT 阵列的水听器系统具有更高的声压灵敏度和更低的等效噪声密度。

本书的主要内容包括通过对蜂窝状 PMUT 敏感单元数值模型的建立和等效电路模型推导，建立蜂窝状 PMUT 敏感单元的特征参数表达式。根据建立的蜂窝状 PMUT 敏感单元的特征参数表达式对蜂窝状 PMUT 结构进行设计。另外，通过有限元仿真和实验测试验证了理论模型的正确性，为后续 PMUT 的设计提供了理论基础。然后，将设计的蜂窝状 PMUT 进行了加工和应用研究。本书重点围绕蜂窝状 PMUT 设计及基础理论，开展蜂窝状 PMUT 的应用研究。本书的总体的研究工作方案，如图 1-29 所示。根据本书的总体研究内容，具体章节安排如下：

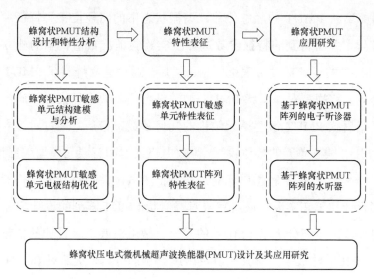

图 1-29 总体的研究方案

第 1 章，重点阐述了本书的研究意义及当前技术背景。首先，简要介绍了超声的作用及重要性。其中，超声换能器是超声系统的核心单元，超声换能器的研究水平及应用广泛程度决定了超声系统的先进性。然后，本书对目前存在的几种超声换能器的工作原理、优缺点进行了分析。通过分析可以发现基于 AlN 压电敏感层材料设计的压电式微机械超声波换能器因其具有与 CMOS 制造工艺完全兼容,适合大规模生产等特点而受到广泛关注。但是,由于 AlN 压电材料的低压电系数,从而使基于 AlN 压电敏感材料设计的 PMUT 相比于基于 PZT 压电材料设计的压电式超声换能器存在发射灵敏度不足的问题。因此,为了提高基于 AlN 压电敏感层材料的 PMUT 的发射灵敏度,本书对目前文献中报道的如何提高基于 AlN 压电敏感层材料的 PMUT 发射灵敏度的方法进行了调研。并且,本书对基于 AlN 压电敏感层材料的 PMUT 的几种典型应用进行了列举。最后,提出了本书的整体研究方案及核心工作内容。

第 2 章,详细阐述了蜂窝状 PMUT 的结构和特性。在此基础上采用分段法对设计的蜂窝状 PMUT 敏感单元进行数值建模。通过建立的数值模型对蜂窝状 PMUT 的静态位移、谐振状态下的路径位移等特征参数进行了推导,并将得到的特征参数进行了实验验证。数值模型的建立为蜂窝状 PMUT 的设计提供了理论依据。然后,通过建立蜂窝状 PMUT 敏感单元等效电路模型对蜂窝状 PMUT 的关键特征参数进行推导,确定了高灵敏度蜂窝状 PMUT 敏感单元结构的几何参数。最后,通过对建立的蜂窝状 PMUT 敏感单元的数值模型、等效电路模型和有限元模型进行计算,得到了蜂窝状 PMUT 敏感单元的结构特征参数,并将得到的结构参数进行版图设计和工艺实现,最终完成对蜂窝状 PMUT 阵列的设计和加工。

另外,本章还分析了 PMUT 的发射灵敏度对其电极设计的依赖性。通过对 PMUT 电极结构对其发射灵敏度影响的分析,从而对 PMUT 的电极结构进行了优化,进而提高了 PMUT 的发射灵敏度。本书通过分析 PMUT 的两种典型顶部电极设计,即内电极设计和外电极设计对具有圆形腔体的 PMUT 和具有六边形腔体的 PMUT 的发射灵敏度进行研究。利用建立的数值模型、等效电路模型和有限元模型推导了在空气中 PMUT 的外电极设计具有比内电极设计更低的能量损耗,即 PMUT 外电极设计具有更高的品质因数(Quality factor,Q),从而使采用外电极设计的 PMUT 发射灵敏度更高。最后,通过实验验证了 PMUT 在空气介质中工作时,

PMUT 外电极设计具有比内电极设计更高的发射灵敏度。

第 3 章，对加工的蜂窝状 PMUT 进行了性能表征。首先，本章对如何提高蜂窝状 PMUT 阵列的声压灵敏度进行了研究。通过 Sc 掺杂、差分读出和结构优化，分别用于提高压电常数，增强输出信号和增加接收模式下的电荷，以提高设计的蜂窝状 PMUT 阵列的声压灵敏度。其次，针对医疗和水下应用需求，结合超声在多层介质中的模型，对蜂窝状 PMUT 阵列依次进行了 PCB 封装和医疗和水下密封封装。选取 JA-2S 浇注聚氨酯作为封装材料，完成了蜂窝状 PMUT 阵列的封装，为 PMUT 在医学应用和水下应用中提供了有力保障。最后，针对不同的应用领域，搭建实验室测试系统，对蜂窝状 PMUT 阵列进行了系统测试，测试表明蜂窝状 PMUT 阵列具有较好的收发特性。其中，蜂窝状 PMUT 阵列的发射响应为 172 dB（参考：1 μPa/V），接收声压灵敏度为 −150 dB（参考：1 V/μPa），并伴随较低的旁瓣干扰，且在扫描范围内无栅瓣出现，为后续设计基于蜂窝状 PMUT 阵列的超声系统实验提供了有效的数据参考。

第 4 章，对蜂窝状 PMUT 的应用进行了研究。在第 2 章对蜂窝状 PMUT 结构设计和特性分析和第 3 章对蜂窝状 PMUT 性能表征的基础上，本章主要针对基于蜂窝状 PMUT 阵列的电子听诊器和水听器进行研究。其中，开发的基于蜂窝状 PMUT 阵列的电子听诊器样机具有大声压灵敏度、高噪声分辨率和大带宽的特点，可以用于进行连续机械声心肺信号监测。为了验证设计的基于蜂窝状 PMUT 阵列的电子听诊器样机的临床性能，使用基于蜂窝状 PMUT 阵列的电子听诊器样机在临床上对来自健康受试者和有既往心肺疾病的患者的机械声学信号进行监测。临床实验结果表明，基于蜂窝状 PMUT 阵列设计的电子听诊器用于机械声学心肺信号的连续监测是可行的，且可用于心肺功能障碍的识别、早期检测和实时监测。另外，由于 PMUT 具有低成本和可扩展的优势，因此设计的基于蜂窝状 PMUT 阵列的电子听诊器在可穿戴健康护理应用中显示出良好的潜在用途。另外，本章基于 MATLAB GUI 针对设计的电子听诊器样机开发了一套智能诊断上位机系统，可以实现对常规心肺疾病进行智能诊断。

其次，本书基于蜂窝状 PMUT 阵列开发了一种水听器系统。并对基于蜂窝状 PMUT 阵列设计的水听器系统进行了声压灵敏度分析、噪声分析、等效噪声密度分析、温度稳定性分析和长期稳定性分析。然后将开发的水听器系统与市售的先进商用水听器性能进行对比，对比结果表明设计的基于蜂窝状 PMUT 阵列的水听器在声压灵敏度和等效噪声密度等方面都有很大的优势。另外，基于 MEMS 工艺设计的蜂窝状 PMUT 阵列的水听器还体现出了更小的体积和更低的成本。

第 5 章，对全书的主要工作进行了总结，并对存在的相关技术难点进行了进一步的展望。

第 2 章　蜂窝状 PMUT 结构
设计和特性分析

基于 AlN 压电敏感层材料设计的 PMUT 具有与 CMOS 工艺兼容、功耗低和与 SiP 技术兼容的特点。针对应用于电子听诊器和水听器的 PMUT 阵列高灵敏度的需求，本书采用六边形敏感单元结构按照仿生蜂窝状进行排列来提高 PMUT 的灵敏度。为了对开发的蜂窝状 PMUT 性能参数进行推导，采用分段法对设计的蜂窝状 PMUT 敏感单元进行数值建模。通过建立的数值模型对蜂窝状 PMUT 工作在发射模式下的静态位移、谐振状态下的路径位移进行了理论计算。然后，采用 LDV 对加工的蜂窝状 PMUT 敏感单元的静态位移、谐振状态下的路径位移进行测试。并将测试得到的蜂窝状 PMUT 敏感单元的静态路径位移和在谐振状态下的路径位移与采用分段法进行数值建模得到的蜂窝状 PMUT 敏感单元的静态路径位移和在谐振状态下的路径位移进行了对比，验证了采用分段法建立的蜂窝状 PMUT 敏感单元数值模型的可靠性。

通过建立蜂窝状 PMUT 敏感单元等效电路模型来对蜂窝状 PMUT 的关键特征参数进行推导和对其后端电路进行设计。本章通过能量法对建立的蜂窝状 PMUT 敏感单元等效电路模型进行了关键参数推导，并通过构建的关键特性参数表达式对蜂窝状 PMUT 敏感单元的结构特征参数进行推导。

本章通过建立三维蜂窝状 PMUT 敏感单元有限元仿真模型对蜂窝状

PMUT 敏感单元的模态、应力等进行了有限元分析。通过分析可以发现，蜂窝状 PMUT 敏感单元的上电极特征尺寸为腔体特征尺寸的 0.7 倍时，蜂窝状 PMUT 敏感单元可以实现最大的灵敏度。通过建立的数值模型和有限元模型将 PMUT 以最佳上电极布置（上电极特征尺寸是腔体特征尺寸的 0.7 倍）以后，分析 PMUT 以最佳上电极布置后的内电极结构设计和外电极结构设计对蜂窝状 PMUT 敏感单元的发射灵敏度的影响。分析发现当蜂窝状 PMUT 敏感单元在空气介质中工作时，外电极结构设计具有比内电极结构设计更低的能量损耗。因此，相比于蜂窝状 PMUT 内电极结构设计，外电极结构设计具有更高的 Q 值，从而可以实现更高的发射灵敏度。另外，采用传统圆形腔体结构设计的 PMUT 也具有相同的结论，即 PMUT 在空气介质中工作时，外电极结构设计具有比内电极结构设计更高的发射灵敏度。

最后，本章通过对建立的蜂窝状 PMUT 敏感单元的数值模型、等效电路模型和有限元模型进行计算，得到了蜂窝状 PMUT 敏感单元的结构特征参数。然后，将得到蜂窝状 PMUT 的特征参数值进行版图设计和工艺实现，最终完成蜂窝状 PMUT 阵列的设计和加工。本章的工作为第 3 章进行蜂窝状 PMUT 特性表征和第 4 章基于蜂窝状 PMUT 阵列的应用提供了基础。

2.1　蜂窝状 PMUT 结构设计及工作原理

为了提高 PMUT 的发射或接收能力，需要将多个 PMUT 敏感单元通过并行或串行进行排列来组成 PMUT 阵列。本书为了提高 PMUT 的灵敏度，设计的 PMUT 采用六边形敏感单元结并按照仿生蜂窝状进行排列。图 2-1（a）显示了由多个采用六边形腔体结构设计的 PMUT 敏感单元按照仿生蜂窝状进行排列构成的蜂窝状 PMUT 阵列结构示意图。基于空腔绝缘衬底上硅（Cavity Silicon-on-Insulator，CSOI）技术设计的蜂窝状 PMUT 敏感单元横截面，如图 2-1（b）所示。蜂窝状 PMUT 敏感单元结构层从下到上依次是带有 1 μm 的底层氧化物（Oxide），5.2 μm 厚的高掺杂硅（Highly doped silicon，HDS）器件层，1 μm 厚的氮化铝（Aluminum nitride，AlN）压电薄膜，0.15 μm 厚的钼（Molybdenum，Mo）图形化后形成的顶部电极，1.8 μm 厚的氧化物钝化层和 1.0 μm 厚的铝（Aluminium，Al）图形化后形成焊盘和连接线。为了简化制造工艺流程，本书将高掺杂硅层既作为器件层又用于底电极层，从而减少了底电极金属层的使用。顶部氧化物覆盖在蜂窝状 PMUT 的 Mo 电极表面，目的是防止 Mo 电极被氧化，从而避免在实际应用中可能出现的电气短路问题。

图 2-1　蜂窝状 PMUT 结构示意图

（a）蜂窝状 PMUT 阵列结构示意图；（b）蜂窝状 PMUT 敏感单元横截面图

2.1.1　蜂窝状 PMUT 结构设计

AlN 作为蜂窝状 PMUT 的压电敏感层材料具有与标准 CMOS 制造工艺完全兼容，适合大规模生产的特点。但是，相比于 PZT，AlN 具有较低的压电系数，从而使 AlN 作为压电敏感层材料的 PMUT 相比于 PZT 作为压电敏感层材料的 PMUT 具有较低的发射灵敏度。

为了提高 AlN 作为压电敏感层材料设计的 PMUT 的发射灵敏度，文献中报道的大多数方法都集中在通过掺杂提高 AlN 的压电系数、改变 PMUT 敏感单元结构和提高 PMUT 阵列的填充率方法等。例如，为了提高基于 AlN 压电敏感层材料的 PMUT 阵列的发射灵敏度，一种方法是通过在 AlN 中掺 Sc 来提高压电敏感层材料的压电系数，从而提高 PMUT 阵列的发射灵敏度。另一种方法是通过创新性地改变组成 PMUT 阵列的敏感单元的结构。例如，通过改变 PMUT 敏感单元的振动模式、减小 PMUT 敏感单元在振动过程中的能量损失和优化电极结构等方法提高敏感单元的发射灵敏度。还可以通过提高 PMUT 阵列的填充因子来获得高的发射灵敏度。高的填充因子意味着 PMUT 阵列在单位面积内具有更多的有效面积，从而使 PMUT 阵列获得更大的灵敏度。其中，常见的组成 PMUT 阵列的敏感单元结构有圆形、方形和六边形等。图 2-2 显示了常见的构成 PMUT 阵列的圆形敏感单元、方形敏感单元和六边形敏感单元的结构示意图。

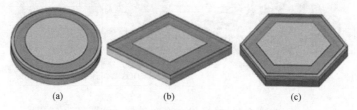

图 2-2　常见的组成 PMUT 阵列的敏感单元结构示意图
（a）圆形敏感单元结构；（b）方形敏感单元结构；（c）六边形敏感单元结构

　　高的填充因子意味着设计的 PMUT 阵列具有高的灵敏度，为了选择合适的敏感单元形状使设计的 PMUT 阵列具有高的灵敏度，本书对图 2-2 中显示的常见的组成 PMUT 阵列的敏感单元的填充因子进行计算。

　　图 2-3 列出了基于圆形敏感单元、方形敏感单元和六边形敏感单元设计 PMUT 阵列时，对 PMUT 阵列的填充因子进行计算的结构示意图。在假定圆形敏感单元、方形敏感单元和六边形敏感单元必须的键合面积（40 μm）一致且不考虑死区面积的前提下，计算的圆形敏感单元填充率为 64%，方形敏感单元和六边形敏感单元填充率为 81%。因此，由方形敏感单元按照规则排列组成的 PMUT 阵列和由六边形敏感单元按照仿生蜂窝状结构进行排列构成的 PMUT 阵列具有比基于圆形敏感单元进行规

则排列构成的 PMUT 阵列更高的灵敏度。

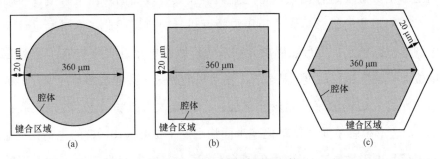

图 2-3　PMUT 填充因子计算

（a）圆形敏感单元结构；（b）方形敏感单元结构；（c）六边形敏感单元结构

为了对比圆形敏感单元、方形敏感单元和六边形敏感单元的声压灵敏度，通过 COMSOL Multiphysics 对不同形状的敏感单元进行有限元建模。在建立的有限元模型中，通过在圆形敏感单元、方形敏感单元和六边形敏感单元表面施加一个标准大气压和 1 Pa 的声压扰动后，然后对圆形敏感单元、方形敏感单元和六边形敏感单元的表面应力分布进行分析。图 2-4 显示了计算的具有不同形状的敏感单元顶部表面应力分布。从图 2-4 中可以看出，与方形敏感单元相比，六边形敏感单元结构和圆形敏感单元结构的表面应力分布更均匀。因此，基于六边形敏感单元和圆形敏感单元设计的 PMUT 阵列更有利于应用于深海环境等高压力领域中。

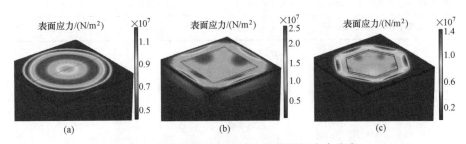

图 2-4　仿真不同形状敏感单元的顶部应力分布

（a）圆形敏感单元结构；（b）方形敏感单元结构；（c）六边形敏感单元结构

表 2-1 列出了通过有限元仿真将六边形敏感单元排列成蜂窝状结构

的 PMUT 阵列与圆形敏感单元结构和方形敏感单元结构组成的 PMUT 阵列的声压灵敏度进行比较。考虑到大振膜具有较高的声压灵敏度，不便于对不同形状的敏感单元的声压灵敏度进行对比。因此，本书通过计算由圆形敏感单元、方形敏感单元和六边形敏感单元组成的 PMUT 阵列在单位面积的声压灵敏度。从表 2-1 中可以看出，在圆形敏感单元、方形敏感单元和六边形敏感单元表面施加一个标准大气压和 1 Pa 的声压载荷下，六边形敏感单元在每单位毫米面积上产生 2.95×10^{-11}C 的电荷，产生的电荷是圆形敏感单元在每单位毫米面积上产生电荷的 1.2 倍和方形敏感单元的 1.5 倍。因此，相比于圆形敏感单元和方形敏感单元设计的 PMUT 阵列，基于六边形敏感单元设计的蜂窝状 PMUT 阵列具有更高的声压灵敏度。根据对圆形敏感单元、方形敏感单元结构和六边形敏感单元构成的 PMUT 阵列的填充率进行计算、表面应力仿真和声压灵敏度进行计算可以得出，相比于圆形敏感单元和方形敏感单元，基于六边形敏感单元设计的 PMUT 阵列具有更高的填充率、更均匀的表面应力分布和更高的声压灵敏度。

表 2-1　不同形状的 PMUT 敏感单元声压灵敏度对比

	圆形结构	方形结构	六边形结构
电荷/（C/Pa）	2.51×10^{-12}	2.52×10^{-12}	2.48×10^{-12}
敏感单元薄膜面积/mm²	0.101 7	0.129 6	0.084 2
单位面积电荷/［C/（Pa/mm²）］	2.47×10^{-11}	1.94×10^{-11}	2.95×10^{-11}

2.1.2　蜂窝状 PMUT 工作原理

PMUT 可以实现在电学域、机械域和声学域中进行能量转换，从而可以实现发射超声波或对外界声源辐射的声压信号进行接收。图 2-5 显示了蜂窝状 PMUT 敏感单元分别在发射模式下和接收模式下工作的结构示意图。当蜂窝状 PMUT 工作在发射模式下时，在蜂窝状 PMUT 上电极和下电极之间施加一个交变的电场，会使蜂窝状 PMUT 振动薄膜在逆压电效应的作用下产生横向应力。产生的横向应力会使蜂窝状 PMUT 敏感单元振动薄膜产生一个弯矩，迫使蜂窝状 PMUT 振动薄膜偏转，从而使蜂窝状 PMUT 振动薄膜发生形变来发射超声波。图 2-5（a）显示了蜂窝状 PMUT 工作在发射模式下的结构示意图。当蜂窝状 PMUT 敏感单元工作在接收模式下时，外部声源辐射的声压信号会使蜂窝状 PMUT 敏感单元振动薄膜发生形变，在蜂窝状 PMUT 压电敏感层材料压电效应的作用下，在蜂窝状 PMUT 上下电极上会聚集正负相反的电荷。然后，通过设计合适的后端检测电路来读取蜂窝状 PMUT 上下电极之间的电压值来实现对外界声源辐射的声压信号的接收。图 2-5（b）显示了蜂窝状 PMUT 工作在接收模式下的工作示意图。

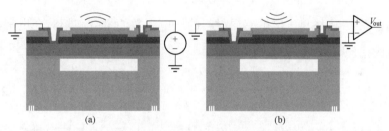

图 2-5　蜂窝状 PMUT 在发射模式下和接收模式下的工作示意图
（a）发射模式；（b）接收模式

2.2　PMUT 压电敏感层材料参数对比

目前，应用最广泛的 PMUT 压电敏感层材料是锆钛酸铅（PZT）和氮化铝（AlN）。PZT 具有高的压电系数，但它不能与 CMOS 标准制造工艺兼容，并且 PZT 会随着时间的推移材料特性会发生变化[81]。AlN 是无铅的，且是在低温（＜400 ℃）下进行沉积的，使其具有与 CMOS 标准制造工艺完全兼容的特点，从而可以实现与其驱动电路和检测电路进行单片集成。表 2-2 列出了常用的压电敏感层材料的特性参数，例如 PZT、AlN 和 9.5%Sc-AlN 的压电系数 $e_{31,f}$ 以及相对介电常数 ε_{33}。

表 2-2　PMUT 常用压电敏感材料参数对比

属性	PZT	AlN	ScAlN（9.5%掺杂）
$e_{31,f}$ /（C/m²）	−10	−1.06	−1.79
ε_{33}	1 200	9.5	10.5
$e_{31,f}$ /ε_{33}/（C/m²）	−0.008	−0.112	−0.171
$e_{31,f}^2$ /ε_{33}/（C/m²）²	0.083	0.118	0.305

蜂窝状 PMUT 的机电耦合系数、发射灵敏度和接收灵敏度等特性参数与其压电敏感层材料的特性参数息息相关。例如，蜂窝状 PMUT 的机电耦合系数 k_t^2 与其压电敏感层材料的压电系数的平方和相对介电常数的比值成正比[129]：

$$k_t^2 \propto \frac{e_{31f}^2}{\varepsilon_{33}} \qquad (2\text{-}1)$$

蜂窝状 PMUT 的发射灵敏度 S_T（Pa/V）与其压电敏感层材料的压电系数成正比，如式（2-2）所示[129]。

$$S_T \propto e_{31f} \qquad (2\text{-}2)$$

蜂窝状 PMUT 的接收灵敏度 S_R（V/Pa）与其压电敏感成材料的压电系数和其相对介电常数的比值成正比，如式（2-3）所示[129]。

$$S_R \propto \frac{e_{31f}}{\varepsilon_{33}} \qquad (2\text{-}3)$$

从表 2-2 中可以看出，PZT 具有比 AlN 更高的压电系数。因此，根据式（2-2）可以得出，PZT 作为 PMUT 的压电敏感层材料设计的 PMUT

的发射灵敏度具有比 AlN 作为 PMUT 的压电敏感层材料的 PMUT 的发射灵敏度高约 9.4 倍。另外，相比于 PZT，AlN 具有更低的相对介电常数。因此，根据式（2-3）可以看出，相比于 PZT 作为 PMUT 的压电敏感层材料设计的 PMUT，AlN 作为 PMUT 的压电敏感层材料的 PMUT 的接收灵敏度提高了约 14 倍。另外，根据式（2-3）分析的压电敏感层材料对 PMUT 接收灵敏度的影响结果与第 3 章对蜂窝状 PMUT 的声压灵敏度测试的结论相一致。

2.3　蜂窝状 PMUT 敏感单元数值模型

本书通过建立蜂窝状 PMUT 敏感单元数值模型，对蜂窝状 PMUT 敏感单元关键特性参数分析，实现对蜂窝状 PMUT 的设计。为了便于计算，建立简化的蜂窝状 PMUT 敏感单元的振动薄膜分析模型，如图 2-6（a）所示。建立的简化蜂窝状 PMUT 敏感单元振动薄膜的分析模型从下到上依次是底层氧化物、硅器件层、氮化铝敏感层、Mo 顶电极层和顶层氧化物钝化层。在对建立的蜂窝状 PMUT 敏感单元模型进行分析时，选取振动薄膜未发生形变的底面中心作为坐标原点，振动薄膜底层氧化物的下表面作为 $z=0$ 的位置。

为了便于对建立的蜂窝状 PMUT 敏感单元振动薄膜模型进行计算，将蜂窝状 PMUT 敏感单元振动薄膜按上电极分界线划分为两个区域，如图 2-6（b）所示。划分的蜂窝状 PMUT 敏感单元振动薄膜的区域 Ⅰ 为由半径为 c 的上电极外切圆覆盖的振动薄膜区域，区域 Ⅱ 表示为从半径为 c 的上电极外切圆覆盖的振动薄膜区域延伸到半径为 b 的整个振动薄膜的外切圆覆盖的区域。蜂窝状 PMUT 敏感单元振动薄膜的平面外偏转函数由 $W(r,\theta)$ 表示，方向沿 z 方向。

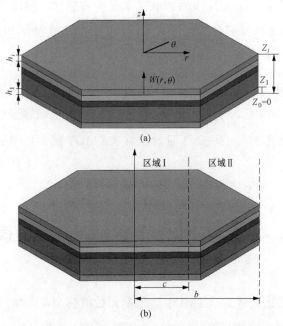

图 2-6　蜂窝状 PMUT 敏感单元振动薄膜简化数值模型
（a）蜂窝状 PMUT 敏感单元的振动薄膜简化结构；
（b）蜂窝状 PMUT 敏感单元振动薄膜区域划分结构

　　蜂窝状 PMUT 敏感单元振动薄膜的应变和应力条件以及沿 r 方向和 θ 方向作用在蜂窝状 PMUT 敏感单元的振动薄膜的无穷小体积上的剪切力和弯矩示意图如图 2-7 所示。图 2-7（a）显示了在蜂窝状 PMUT 敏感单元振动薄膜上提取的微元结构上在 r 方向和 θ 方向上的力矩和剪切力。图 2-7（b）显示了微元放大结构上在 r 方向和 θ 方向上的力矩和剪切力。由于设计的蜂窝状 PMUT 敏感单元振动薄膜的厚度远小于其横向尺寸。因此，可以根据经典板壳理论对蜂窝状 PMUT 敏感单元振动薄膜进行数值建模。

　　为了便于计算，在对建立的蜂窝状 PMUT 敏感单元振动薄膜模型进行分析时，需要对蜂窝状 PMUT 敏感单元振动薄膜做出以下基本假设[130]：

　　① 材料在横向方向上各向同性；

　　② 振动薄膜的面外形变很小，忽略非线性效应；

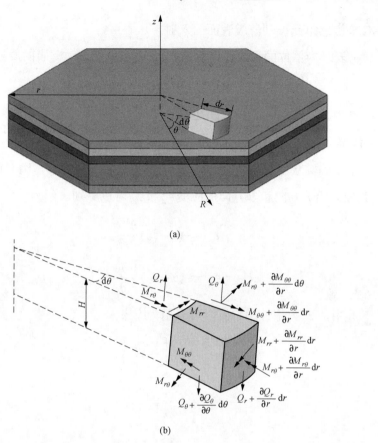

(a)

(b)

图 2-7 蜂窝状 PMUT 敏感单元振动薄膜上的微元结构受力分析模型

（a）在蜂窝状 PMUT 敏感单元振动薄膜上提取的微元结构上在 r 方向和 θ 方向上的力矩和剪切力；

（b）微元放大结构上在 r 方向和 θ 方向上的力矩和剪切力

③ 沿振动薄膜中性轴的拉伸和压缩忽略不计；

④ 横向压电常数 d_{31} 和 d_{32} 保持恒定；

⑤ 一阶振动模式是主要振动模式。

在极坐标系中沿 z 轴振动的蜂窝状 PMUT 敏感单元振动薄膜的控制方程可以表示为[130]：

$$-\frac{1}{r}\left[\frac{\partial^2(rM_{rr})}{\partial r^2}-\frac{\partial M_{\theta\theta}}{\partial r}\right]=q-\rho_s\frac{\partial^2 w}{\partial t^2} \qquad (2\text{-}4)$$

其中，M_{rr} 和 $M_{\theta\theta}$ 分别为 r 方向和 θ 方向的力矩，q 是作用在蜂窝状

PMUT 敏感单元振动薄膜表面的入射声压。

ρ_s 表示为单位面积的蜂窝状 PMUT 敏感单元振动薄膜的质量。

$$\rho_s = \Sigma \rho_i h_i \qquad (2\text{-}5)$$

其中，ρ_i 为蜂窝状 PMUT 敏感单元振动薄膜第 i 层的密度，h_i 为第 i 层的厚度。

由于蜂窝状 PMUT 敏感单元振动薄膜是轴对称变形，因此剪切应变 $\varepsilon_{r\theta}$ 为零。沿 r 方向和 θ 方向的应变 ε_{rr} 和 $\varepsilon_{\theta\theta}$ 可以分别表示为[130]：

$$\varepsilon_{rr} = -(z - z_{\mathrm{N}}) \frac{\partial^2 w}{\partial r^2} \qquad (2\text{-}6)$$

$$\varepsilon_{\theta\theta} = -(z - z_{\mathrm{N}}) \frac{1}{r} \frac{\partial w}{\partial r} \qquad (2\text{-}7)$$

其中，z_{N} 为中性轴位置，可表示为[131]：

$$z_{\mathrm{N}} = \sum_{i=1}^{n} \frac{\left[\dfrac{Y_i z_i h_i}{1 - v_i^2} \right]}{\left[\dfrac{Y_i h_i}{1 - v_i^2} \right]} \qquad (2\text{-}8)$$

$$z_i = \sum_{j=1}^{i-1} h_j + \frac{h_i}{2} \qquad (2\text{-}9)$$

其中，Y_i、v_i、h_i 分别为在简化的蜂窝状 PMUT 敏感单元振动薄膜的分析模型中第 i 层的杨氏模量、泊松比和厚度；z_i 是振动薄膜第 i 层的中间位置。

对于具有杨氏模量 Y_p 和泊松比 v_p 的横向各向同性压电材料，压电层在沿着 z 方向的电场 E_z 的作用下沿 z 方向的基本应力应变关系可以表示为[132]：

$$\begin{bmatrix} T_{rrp} \\ T_{\theta\theta p} \end{bmatrix} = \frac{Y_p}{1 - v_p^2} \begin{bmatrix} 1 & v_2 \\ v_2 & 1 \end{bmatrix} \begin{bmatrix} \varepsilon_{rr} \\ \varepsilon_{\theta\theta} \end{bmatrix} - \frac{d_{31} Y_2}{1 - v_2} \begin{bmatrix} 1 \\ 1 \end{bmatrix} E_z \qquad (2\text{-}10)$$

其中，T_{rrp} 和 $T_{\theta\theta p}$ 分别是压电层中沿 r 方向和 θ 方向的面内应力；d_{31} 是压电材料的压电常数。

对于简化模型中非活性层中的应力，应变关系可以表示为[132]：

$$\begin{bmatrix} T_{rr} \\ T_{\theta\theta} \end{bmatrix} = \frac{Y}{1-v^2} \begin{bmatrix} 1 & v \\ v & 1 \end{bmatrix} \begin{bmatrix} \varepsilon_{rr} \\ \varepsilon_{\theta\theta} \end{bmatrix} \tag{2-11}$$

其中，T_{rr} 和 $T_{\theta\theta}$ 分别是非活性层中沿 r 方向和 θ 方向的面内应力。

根据式（2-10）和式（2-11），单位长度的力矩 M_{rr} 和 $M_{\theta\theta}$ 可以通过沿各个方向对应力进行积分而得到[130]：

$$M_{rr} = \int_0^{h_1+h_2} T_{rr}(z-z_N)\,\mathrm{d}z + \int_{h_1+h_2}^{h_1+h_2+h_3} T_{rrp}(z-z_N)\,\mathrm{d}z + \int_{h_1+h_2+h_3}^{H} T_{rr}(z-z_N)\,\mathrm{d}z$$
$$= -D\left[\frac{\partial^2 w}{\partial r^2} + \frac{v}{r}\frac{\partial w}{\partial r} \right] - \frac{Y_p d_{31} Z_p}{1-v_p} V \tag{2-12}$$

$$M_{\theta\theta} = \int_0^{h_1+h_2} T_{\theta\theta}(z-z_N)\,\mathrm{d}z + \int_{h_1+h_2}^{h_1+h_2+h_3} T_{\theta\theta p}(z-z_N)\,\mathrm{d}z + \int_{h_1+h_2+h_3}^{H} T_{\theta\theta}(z-z_N)\,\mathrm{d}z$$
$$= -D\left[v\frac{\partial^2 w}{\partial r^2} + \frac{1}{r}\frac{\partial w}{\partial r} \right] - \frac{Y_p d_{31} Z_p}{1-v_p} V \tag{2-13}$$

其中，H 是整个蜂窝状 PMUT 敏感单元振动薄膜的厚度，V 是施加在蜂窝状 PMUT 敏感单元顶部电极上的交流电压的幅值；根据式（2-12）和式（2-13），单位长度的力矩 M_{rr} 和 $M_{\theta\theta}$ 都包含两部分，前一部分与机械应变有关，后一部分与驱动电压相关；z_p 是 z_N 和压电层中心之间的距离，D 和 v 是板的抗弯刚度和泊松比。

对于整个简化的蜂窝状 PMUT 敏感单元振动薄膜，D 和 v 可以分别表示为式（2-14）和式（2-15）[133]。

$$D = \sum_{i=1}^{n} \frac{Y_i}{3-(1-v_i^2)} \left[(z_i - z_N)^3 - (z_{i-1} - z_N)^3 \right] \tag{2-14}$$

$$v = \frac{\sum_{i}^{n} v_i}{H} \tag{2-15}$$

将式（2-10）和式（2-11）代入到式（2-4）中，蜂窝状 PMUT 敏感单元振动薄膜的振动方程可以表示为：

$$D\nabla^2\nabla^2 w = q - \rho_s \frac{\partial^2 w}{\partial t^2} \tag{2-16}$$

对于简谐激励，偏转 w 是周期性的，可以表示为：

$$w = W(r)\mathrm{e}^{-j\omega t} \tag{2-17}$$

其中，ω 是激励角频率；t 是时间；$W(r)$ 是圆形振动薄膜在某种振动模式下的形状函数。

结合式（2-16）和式（2-17），蜂窝状 PMUT 敏感单元振动薄膜的简化运动方程可以表示为式（2-18）。

$$\nabla^2\nabla^2 W + \beta^4 W = \frac{q}{D} \tag{2-18}$$

其中，β 可以表示为表面密度 ρ_s、抗弯刚度 D 和频率 ω 的函数，如式（2-19）所示[134]。

$$\beta^4 = \frac{\rho_s \omega^2}{D} \tag{2-19}$$

其中，式（2-18）的通解形式可以表示为式（2-20）[135]。

$$W(r) = -\frac{\rho_s \omega^2}{D} + A_i \cdot J_0(\beta r) + B_i \cdot I_0(\beta r) + C_i \cdot Y_0(\beta r) + D_i \cdot K_0(\beta r) \tag{2-20}$$

其中，$J_0(x)$ 是第一类零阶贝塞尔函数；$I_0(x)$ 是第一类修正贝塞尔函数；$Y_0(x)$ 是第二类贝塞尔函数；$K_0(x)$ 为第二类修正贝塞尔函数。系数 A_i、B_i、C_i 和 D_i 是由连续性条件和边界条件确定的常数。

2.3.1　振动薄膜位移函数

当 x 接近于零时，贝塞尔函数 $Y_0(x)$ 和 $K_0(x)$ 将会变得无界。在图 2-6 中建立的简化蜂窝状 PMUT 敏感单元振动薄膜的分析模型中，区域 I 和区域Ⅱ的振动位移可以分别表示为式（2-21）和式（2-22）。

$$W_{\mathrm{I}}(r) = -\frac{\rho_s \omega^2}{D} + A_1 \cdot J_0(\beta r) + B_1 \cdot I_0(\beta r) \tag{2-21}$$

$$W_{\mathrm{II}}(r) = -\frac{\rho_s \omega^2}{D} + A_2 \cdot J_0(\beta r) + B_2 \cdot I_0(\beta r) + C_2 \cdot Y_0(\beta r) + D_2 \cdot K_0(\beta r)$$
$$\tag{2-22}$$

2.3.2　边界条件

对图 2-6 中建立的简化蜂窝状 PMUT 敏感单元振动薄膜的分析模型进行计算时，区域Ⅰ包含顶电极，因此区域Ⅰ会受到外部电压激励，而区域Ⅱ不包含顶电极，则不会受到外部电压激励。因此，作用在区域Ⅰ和区域Ⅱ的径向力矩表示为式（2-23）和式（2-24）。

$$M_{rr,\mathrm{I}} = -D\left[\frac{\partial^2 w}{\partial r^2} + \frac{v}{r}\frac{\partial w}{\partial r}\right] - \frac{Y_p d_{31} Z_p}{1-v_p}V \tag{2-23}$$

$$M_{rr,\mathrm{II}} = -D\left[\frac{\partial^2 w}{\partial r^2} + \frac{v}{r}\frac{\partial w}{\partial r}\right] \tag{2-24}$$

为了确保建立的简化蜂窝状 PMUT 敏感单元振动薄膜分析模型的区域Ⅰ和区域Ⅱ的连续性，垂直挠度、径向力矩、每个角位置处径向挠度的一阶导数以及区域Ⅰ和区域Ⅱ之间界面处的径向剪力都一致。建立的简化蜂窝状 PMUT 敏感单元振动薄膜分析模型中区域Ⅰ和区域Ⅱ的连续性条件可以表示为：

$$W_{\mathrm{I}}(b) = W_{\mathrm{II}}(b) \tag{2-25}$$

$$M_{rr,\mathrm{I}}(b) = M_{rr,\mathrm{II}}(b) \tag{2-26}$$

$$\left.\frac{\mathrm{d}W_{\mathrm{I}}}{\mathrm{d}r}\right|_{r=b} = \left.\frac{\mathrm{d}W_{\mathrm{II}}}{\mathrm{d}r}\right|_{r=b} \tag{2-27}$$

$$Q_{r,\mathrm{I}}(b) = Q_{r,\mathrm{II}}(b) \tag{2-28}$$

其中，径向剪切力 Q_r 定义为式（2-29）[130]。

$$Q_r = -D\frac{\partial}{\partial_r}\left[\frac{1}{r}\frac{\partial}{\partial r}\left(r\frac{\partial w}{\partial r}\right)\right] \qquad (2\text{-}29)$$

在这项工作中，蜂窝状 PMUT 敏感单元振动薄膜采用边界固定形式。因此，蜂窝状 PMUT 敏感单元在振动薄膜的边界位置处只有沿 z 方向的振动。从而使蜂窝状 PMUT 敏感单元在振动薄膜的边缘处的径向挠度和斜率为零。因此，蜂窝状 PMUT 敏感单元振动薄膜的边界夹紧条件表示为[130]：

$$W_{\mathrm{II}}(a) = 0 \qquad (2\text{-}30)$$

$$\left.\frac{\mathrm{d}W_{\mathrm{II}}}{\mathrm{d}r}\right|_{r=a} = 0 \qquad (2\text{-}31)$$

2.3.3 振动薄膜函数解析解

为了得到式（2-21）和式（2-22）中的蜂窝状 PMUT 敏感单元振动薄膜的位移函数，需要对式（2-21）和式（2-22）中涉及的常数 A_1、B_1、A_2、B_2、C_2、D_2 进行求解。区域 I 和区域 II 之间以及式（2-25）、式（2-26）、式（2-27）、式（2-28）中概述的连续性条件提供了四个所需的方程，而式（2-30）和式（2-31）中概述的钳位边界条件给出了另外两个方程。这6 个方程可以采用矩阵形式进行组织，基于连续性条件和钳位边界条件列出的方程表示为式（2-32）。

$$\begin{bmatrix} J_0(\beta b) & I_0(\beta b) & -J_0(\beta b) & -I_0(\beta b) & -Y_0(\beta b) & -K_0(\beta b) \\ JJ(\beta b) & II(\beta b) & -JJ(\beta b) & -II(\beta b) & -YY(\beta b) & -KK(\beta b) \\ J_1(\beta b) & -I_1(\beta b) & -J_1(\beta b) & I_1(\beta b) & -Y_1(\beta b) & -K_1(\beta b) \\ JJJ(\beta b) & III(\beta b) & -JJJ(\beta b) & -III(\beta b) & -YYY(\beta b) & -KKK(\beta b) \\ 0 & 0 & J_0(\beta a) & I_0(\beta a) & Y_0(\beta a) & K_0(\beta a) \\ 0 & 0 & J_1(\beta a) & -I_1(\beta a) & Y_1(\beta a) & K_1(\beta a) \end{bmatrix}$$

$$
\times
\begin{bmatrix}
A1 \\
B1 \\
A2 \\
B2 \\
C2 \\
D2
\end{bmatrix}
=
\begin{bmatrix}
0 \\
\dfrac{-Y_p \mathrm{d}_{31} Z_p}{1-v_p} V \\
0 \\
0 \\
\dfrac{q}{w^2 \rho_s} \\
0
\end{bmatrix}
\tag{2-32}
$$

其中，函数 $JJ(x)$、$II(x)$、$YY(x)$、$KK(x)$、$JJJ(x)$、$III(x)$、$YYY(x)$ 和 $KKK(x)$ 可以表示为式（2-33）到式（2-40）。

$$
JJ(x) = -0.5J_0(x) - \frac{v}{x}J_1(x) + 0.5J_2(x)
\tag{2-33}
$$

$$
II(x) = 0.5I_0(x) - \frac{v}{x}I_1(x) + 0.5I_2(x)
\tag{2-34}
$$

$$
YY(x) = -0.5Y_0(x) - \frac{v}{x}Y_1(x) + 0.5Y_2(x)
\tag{2-35}
$$

$$
KK(x) = 0.5K_0(x) - \frac{v}{x}K_1(x) + 0.5K_2(x)
\tag{2-36}
$$

$$
JJJ(x) = -2xJ_0(x) + (4+3x^2)J_1(x) + 2xJ_2(x) - x^2J_3(x)
\tag{2-37}
$$

$$
III(x) = 2xJ_0(x) + (-4+3x^2)I_1(x) + 2xI_2(x) + x^2I_3(x)
\tag{2-38}
$$

$$
YYY(x) = -2xY_0(x) + (4+3x^2)Y_1(x) + 2xY_2(x) - x^2Y_3(x)
\tag{2-39}
$$

$$
KKK(x) = 2xK_0(x) + (4-3x^2)K_1(x) + 2xK_2(x) - x^2K_3(x)
\tag{2-40}
$$

2.3.4　蜂窝状 PMUT 敏感单元模型修正

蜂窝状 PMUT 敏感单元振动薄膜是采用的六边形结构，而六边形薄膜结构边界上的所有点到蜂窝状 PMUT 敏感单元振动薄膜中心的距离不是常数。因此，在计算过程中采用圆形 PMUT 敏感单元结构的静态位移公式对蜂窝状 PMUT 敏感单元的位移进行计算会出现较大的误差。为了精确计算蜂窝状 PMUT 敏感单元的静态位移和在谐振状态下的路径位移，本节创新性地采用体积位移对建立的数值模型进行修正。

由蜂窝状 PMUT 敏感单元外切圆构成的敏感单元的体积位移可以表示为式（2-41）。

$$W_{\text{vol}} = 2\pi \left[\int_0^c W_{\text{I}}(r) r \mathrm{d}r + \int_c^b W_{\text{II}}(r) r \mathrm{d}r \right] \qquad (2\text{-}41)$$

由蜂窝状 PMUT 敏感单元内切圆构成的敏感单元的体积位移公式可表示为式（2-42）。

$$W_{\text{vol,h}} = 12 \int_0^{\frac{\pi}{6}} \left[\int_0^{c\cos\theta} W_{\text{I}}(r,\theta) r \mathrm{d}r + \int_{c\cos\theta}^{b\cos\theta} W_{\text{II}}(r,\theta) r \mathrm{d}r \right] \mathrm{d}\theta \qquad (2\text{-}42)$$

在计算外切圆半径为 c 的采用六边形腔体设计的蜂窝状 PMUT 敏感单元的中心振动位移时，将其等效为半径为 $c \times \gamma$ 的圆形敏感单元来进行计算。图 2-8 显示了外切圆半径为 c 的蜂窝状 PMUT 敏感单元等效为半径为 $c \times \gamma$ 的圆形 PMUT 敏感单元的等效模型。

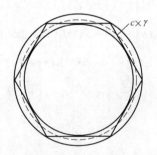

图 2-8　蜂窝状 PMUT 敏感单元等效模型

因此，将蜂窝状 PMUT 敏感单元的修正系数 γ 表示为式（2-43）。

$$\gamma = \sqrt[3]{\frac{W_{\text{vol,h}}}{W_{\text{vol}}}} \qquad (2\text{-}43)$$

2.3.5　蜂窝状 PMUT 敏感单元模型实验验证

为了验证得到的蜂窝状 PMUT 敏感单元模型修正系数的准确性，通过建立的数值模型对蜂窝状 PMUT 敏感单元振动薄膜的静态位移进行计算。图 2-9 显示了计算的蜂窝状 PMUT 敏感单元的静态位移和测试得到的静态位移对比图。从图 2-9 中可以看出，测试得到的静态位移与理论计算的静态位移几乎一致，证明了修正系数的准确性。

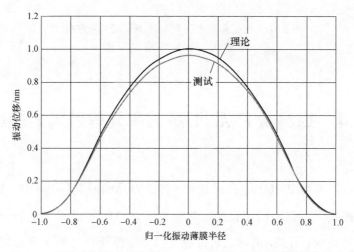

图 2-9　理论和测试的蜂窝状 PMUT 敏感单元振动薄膜静态位移

通过对比理论计算和测试的在谐振状态下蜂窝状 PMUT 敏感单元的振动路径位移来验证蜂窝状 PMUT 敏感单元修正系数的准确性。理论计算和测试在谐振状态下蜂窝状 PMUT 敏感单元的振动位移如图 2-10 所示。测试结果表明，理论计算的归一化振动位移响应曲线与实际测量的振动位移一致，进一步验证了理论模型的准确性。

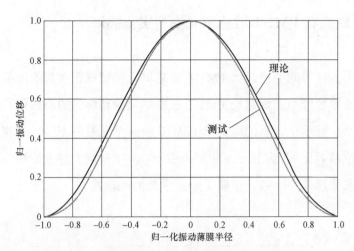

图 2-10　在谐振状态下理论和测试蜂窝状 PMUT
敏感单元的归一化振动位移

2.4　蜂窝状 PMUT 敏感单元等效电路模型

在对蜂窝状 PMUT 进行设计时，建立合适的蜂窝状 PMUT 敏感单元等效电路模型可以实现在设计时对蜂窝状 PMUT 敏感单元的特征参数表达式进行推导。另外，也可以通过建立等效电路模型对基于蜂窝状 PMUT 阵列的传感系统的后端处理电路进行设计和优化。

图 2-11 显示了通过质量-弹簧-阻尼模型进行建模的蜂窝状 PMUT 敏感单元的机械等效模型。其中，外力 F 使质量 M 发生振动，该质量 M 连接到弹簧 k 和阻尼器 b。当向电极施加交流电压时，由于压电效应，压电层会产生机械力，膜的刚度会抵消导致振动薄膜偏转的机械力，从而使振动薄膜发生振动，进而发射超声波。

在对蜂窝状 PMUT 阵列进行建模时，可以将蜂窝状 PMUT 敏感单元振动薄膜的受力、振速和声阻抗分别类比于电压、电流和电阻抗，这样就能将复杂的机械运动问题转化为熟悉的电路问题来进行分析。通过建立的等效电路模型可以对蜂窝状 PMUT 敏感单元的特性参数表达式，如蜂窝状 PMUT 敏感单元的振动位移、谐振频率、声阻抗、输出声压和接收灵敏度等进行推导。等效电路模型的建立也可以为基于蜂窝状 PMUT 阵列的传感系统的后端处理电路进行设计和优化。

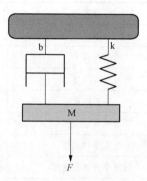

图 2-11　使用质量-弹簧-阻尼模型进行建模的蜂窝状 PMUT
敏感单元的机械等效模型

2.4.1　蜂窝状 PMUT 敏感单元发射模式等效电路模型

当蜂窝状 PMUT 敏感单元工作在发射模式下时，通过在蜂窝状 PMUT 敏感单元上下电极之间施加一个交流电压信号，在压电敏感层材料的逆压电效应的作用下蜂窝状 PMUT 敏感单元振动薄膜会发生振动，从而引起周围介质发生振动向外辐射声压。蜂窝状 PMUT 敏感单元在发射模式下工作时实现了由电能向机械能和声能的转化。图 2-12 显示了蜂窝状 PMUT 敏感单元工作在发射模式时的等效电路模型。从图中可以看出蜂窝状 PMUT 敏感单元处于发射模式时，蜂窝状 PMUT 敏感单元等效电路模型主要由电学域、机械域和声学域组成。表 2-3 列出了蜂窝状 PMUT 敏感单元等效电路模型中涉及到的参数。

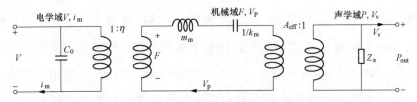

图 2-12 蜂窝状 PMUT 敏感单元发射模式等效电路模型

表 2-3 等效电路模型参数

参数	描述	单位
C_0	电容	F
η	耦合因子	N/V
k_m	有效刚度	N/m
m_m	有效质量	kg
A_{eff}	薄膜有效面积	m²
A	薄膜整体面积	m²
V_v	敏感单元体积速度	m/s
P_{out}	输出声压	Pa
V_p	敏感单元薄膜中心速度	m/s
F	力	N
i_m	电流	A
V	电压	V
P_{in}	输入声压	Pa
b_m	衬底阻尼	N/m·s
Z_a	声阻抗	rayl/m²
V_{out}	敏感单元输出电压	V

在等效电路模型的电学域中，蜂窝状 PMUT 敏感单元的静态电容，C_0，可以通过式（2-44）进行求解。

$$C_0 = \frac{\varepsilon_{33}\varepsilon_0 S_{ele}}{t_{AlN}} \tag{2-44}$$

其中，ε_{33} 是 AlN 的相对介电常数，ε_0 是真空的介电常数，t_{AlN} 是 AlN 厚度，S_{ele} 是敏感单元上电极的面积。

蜂窝状 PMUT 敏感单元振动薄膜的中心位移 $\omega(r,t)$ 是其半径 r 的函数，可以表示为式（2-45）[130]。

$$\omega(r,t) = d_s f(r) \, e^{j2\pi ft}$$ （2-45）

其中：

$$f(r) = J_0(\beta r) + \alpha J_0(i\beta r)$$ （2-46）

其中，d_s 为静态位移；$f(r)$ 为贝塞尔函数的组合；α 是由蜂窝状 PMUT 敏感单元上电极覆盖面积决定的常数；β 为面密度的函数；I_0 为弯曲刚度。

面密度函数 β，单位面积内的等效质量 D 和工作频率 f 的关系，如式（2-47）[134]。

$$\beta^4 = \frac{4\pi^2 f^2 I_0}{D}$$ （2-47）

蜂窝状 PMUT 敏感单元的机电耦合因子 η 可以表示为式（2-48）[133,136]。

$$\eta = \pi e_{31,f} h_p I_m$$ （2-48）

其中：

$$I_m = (1-\upsilon)\int_{\frac{r_1}{a}}^{\frac{r_2}{a}} x\left(\frac{\mathrm{d}^2 f(x)}{\mathrm{d}x^2} + \frac{1}{x}\frac{\mathrm{d}f(x)}{\mathrm{d}x}\right)\mathrm{d}x$$ （2-49）

其中：$x = r/a$，r_1 和 r_2 分别为蜂窝状 PMUT 敏感单元上电极的内外半径；$e_{31,f}$ 为等效压电系数；h_p 是压电层中心位置与其中性轴的距离。

根据式（2-49）可以看出，I_m 的大小取决于蜂窝状 PMUT 敏感单元上电极的尺寸，在 $0 < x < 1$ 之间 I_m 存在一个最大值，这就意味着当蜂窝状 PMUT 敏感单元上电极尺寸达到最优时，蜂窝状 PMUT 敏感单元的机电耦合因子将会达到最大值。

因此，通过对式（2-48）进行推导可以发现，随着蜂窝状 PMUT 敏感单元上电极尺寸的变化，机电耦合因子 η 存在最大值，即存在最佳的上电极尺寸使蜂窝状 PMUT 敏感单元具有最大的机电耦合因子。图 2-13 显示了基于式（2-48）计算的蜂窝状 PMUT 敏感单元的归一化机电耦合因子与其上电极特征尺寸与腔体比值的关系。从图 2-13 中可以看出当蜂窝状 PMUT 敏感单元上电极特征尺寸与腔体的比值为 0.7 时，蜂窝状 PMUT 敏感单元具有最大的机电耦合因子。高的机电耦合因子意味着在蜂窝状 PMUT 敏感单元中从电学域到机械域低的能量损失。因此，高的机电耦合因子可以实现蜂窝状 PMUT 敏感单元高的灵敏度。

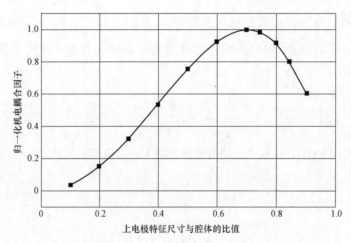

图 2-13　蜂窝状 PMUT 敏感单元归一化机电耦合因子和
其上电极尺寸与腔体尺寸比值的关系

在建立的蜂窝状 PMUT 敏感单元发射模式的等效电路模型的机械域中，可以对蜂窝状 PMUT 敏感单元在某一振动模态下的质量和刚度进行参数化表达。同时也可以在机械域中的对蜂窝状 PMUT 敏感单元在电压 V 的驱动下，作用力 F、薄膜中心速度 V_p 的参数表达式进行推导。

蜂窝状 PMUT 敏感单元在某一振动模态下压电薄膜的抗弯曲刚度 D，可以表示为：

$$D = \frac{1}{3}\sum_{n=1}^{3} E_n' \left(h_n^3 - h_{n-1}^3\right) \qquad (2\text{-}50)$$

当蜂窝状 PMUT 敏感单元工作在一阶模态时，刚度 k_m 可以表示为式（2-51）。

$$k_{\mathrm{m}} = \frac{64\pi D}{3a^2} \qquad (2\text{-}51)$$

为了预测蜂窝状 PMUT 敏感单元在驱动电压 V 的作用下，蜂窝状 PMUT 敏感单元的振动位移、中心速度等，使用能量法建立式（2-52）所示的方程。其中，蜂窝状 PMUT 敏感单元振动薄膜的总势能 W_{tot} 是由振动薄膜弹性应变能 W_{e} 与敏感单元振动薄膜压电层弯矩所做的功 W_{m} 组成。

$$W_{\mathrm{tot}} = W_{\mathrm{e}} + W_{\mathrm{m}} \qquad (2\text{-}52)$$

其中：

$$W_{\mathrm{e}} = \pi D \frac{d_{\mathrm{s}}^2}{a^2} I_{\mathrm{e}} \qquad (2\text{-}53)$$

$$W_{\mathrm{m}} = 2\pi e_{31,\mathrm{f}} h_{\mathrm{p}} V_{\mathrm{in}} d_{\mathrm{s}} I_{\mathrm{m}} \qquad (2\text{-}54)$$

$$I_{\mathrm{e}} = \int_0^1 \left[\left(\frac{\mathrm{d}^2 f(x)}{\mathrm{d}x^2} + \frac{1}{x} \frac{\mathrm{d}f(x)}{\mathrm{d}x} \right)^2 - 2(1-\upsilon) \frac{1}{x} \frac{\mathrm{d}^2 f(x)}{\mathrm{d}x^2} \frac{\mathrm{d}f(x)}{\mathrm{d}x} \right] x \mathrm{d}x \qquad (2\text{-}55)$$

由压电层弯矩引起的蜂窝状 PMUT 敏感单元振动薄膜的静态位移 d_{s} 可以通过总能量最小化来求解，如式（2-56）所示[137]。

$$\frac{\partial W_{\mathrm{tot}}}{\partial d_{\mathrm{s}}} = 2\pi D \frac{d_{\mathrm{s}}}{a^2} I_{\mathrm{e}} + 2\pi M I_{\mathrm{m}} = 0 \qquad (2\text{-}56)$$

其中：

$$M = \mathrm{e}_{31,\mathrm{f}} h_{\mathrm{p}} V_{\mathrm{in}} \qquad (2\text{-}57)$$

通过求解公式（2-56）可以得出，由压电层弯矩引起的蜂窝状 PMUT 敏感单元振动薄膜的静态位移 d_{s} 可以表示为式（2-58）。

$$d_{\mathrm{s}} = -\left(\frac{a^2}{D} \frac{I_{\mathrm{m}}}{I_{\mathrm{e}}} \right) e_{31,\mathrm{f}} h_{\mathrm{p}} V_{\mathrm{in}} \qquad (2\text{-}58)$$

在谐振频率下，蜂窝状 PMUT 敏感单元振动薄膜的中心位移 d_{p} 为其静态位移 d_{s} 的 Q 倍[138]。蜂窝状 PMUT 敏感单元振动薄膜的中心位移 d_{p} 可以表示为：

$$d_p = Q d_s \qquad (2\text{-}59)$$

蜂窝状 PMUT 敏感单元振动薄膜中心速度 V_p 可以表示为式（2-60）。

$$V_p = 2\pi f Q d_s \qquad (2\text{-}60)$$

通过对式（2-60）进行分析可以发现，蜂窝状 PMUT 敏感单元振动薄膜在谐振状态下的振动速度与其 Q 值成正比。因此，在设计时为了提高蜂窝状 PMUT 敏感单元的振动速度，一种方法是可以通过提高蜂窝状 PMUT 敏感单元的 Q 值来实现。

在蜂窝状 PMUT 敏感单元等效电路模型的机械域中，可以对蜂窝状 PMUT 敏感单元工作在不同介质中的谐振频率进行预测。通过分析可以发现，蜂窝状 PMUT 敏感单元在空气中的谐振频率 f_0 与敏感单元振动薄膜的厚度 t 成正比，与敏感单元腔体的特征尺寸的平方成反比。

蜂窝状 PMUT 敏感单元在空气介质中工作时的谐振频率，f_0 可以表示为[18,78]：

$$f_0 = \frac{\lambda_0 \times t}{8\pi \times a^2} \sqrt{\frac{E}{12 \times \rho_{eq} \times (1 - v_{eq}^2)}} \qquad (2\text{-}61)$$

其中，a 为蜂窝状 PMUT 敏感单元六边形薄膜的外切圆半径；E 为等效弹性模量；ρ_{eq} 为等效密度；v 为等效泊松比；$\lambda_0 = 50.1$ 为修正系数。

蜂窝状 PMUT 敏感单元工作在水中时的谐振频率可以表示为式（2-62）[81]。

$$f_{water} = \frac{f_0}{\sqrt{1 + \dfrac{0.67 a \rho_{water}}{\rho_{eq}}}} \qquad (2\text{-}62)$$

其中，ρ_{water} 为水的密度。

图 2-14 显示了分别通过式（2-61）和式（2-62）计算的蜂窝状 PMUT 敏感单元在空气中和水中工作时的谐振频率与其特征尺寸的关系。

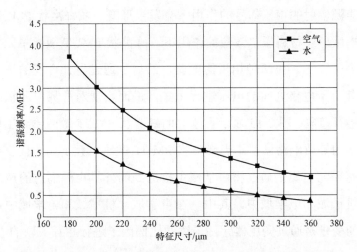

图 2-14 蜂窝状 PMUT 敏感单元谐振频率与特征尺寸的关系

在建立的蜂窝状 PMUT 敏感单元等效电路模型的声学域中，蜂窝状 PMUT 敏感单元的声阻抗 Z_a 可以表示为式（2-63）。

$$Z_a = \frac{\rho c}{A_{eff}}(r_r + jx_r) \qquad （2-63）$$

其中，r_r 和 x_r 分别是等效电路模型声学域中的电阻和电感。

蜂窝状 PMUT 敏感单元振动薄膜表面的输出声压 P_{out} 与其敏感单元振动薄膜的有效面积 A_{eff}、振动薄膜的中心速度 V_p 和声阻抗 Z_a 的比例关系如式（2-64）所示。

$$P_{out} = Z_a v_p A_{eff} \qquad （2-64）$$

蜂窝状 PMUT 阵列的表面的输出声压可以表示为式（2-65）。

$$P_{out} = (2\pi f_0 d_p) Z_a A_{eff} \sqrt{FA} \qquad （2-65）$$

其中，FA 为填充因子。

2.4.2 蜂窝状 PMUT 敏感单元接收模式等效电路模型

当蜂窝状 PMUT 敏感单元工作在接收模式下时，敏感单元振动薄膜在外界声源辐射的声压信号的作用下会发生形变。在蜂窝状 PMUT 敏感单元压电敏感层材料压电效应的作用下，蜂窝状 PMUT 敏感单元上下电极表面会聚集正、负两种相反的电荷。然后，通过设计合理的信号调理电路对其上下电极之间的电压进行采集，进而实现对外界声源辐射的声压信号进行接收。图 2-15 显示了建立的蜂窝状 PMUT 敏感单元工作在接收模式下的等效电路模型。当蜂窝状 PMUT 敏感单元工作在接收模式下时，敏感单元主要是通过将声学域中检测到的外界声源辐射的声压信号转化到机械域和电学域中。其中，在声学域、机械域和电学域中进行能量转化的变量是通过变压器元件描述的比例因子进行相互关联的。

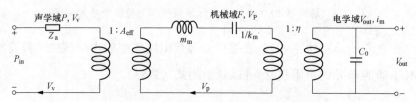

图 2-15　蜂窝状 PMUT 敏感单元接收模式等效电路

在等效电路模型的声学域中，对于一个固定的声压辐射源，蜂窝状 PMUT 敏感单元的声阻抗 Z_a 可以表示为式（2-66）[139]。

$$Z_a = \frac{\rho c}{A_{eff}}(r_r + jx_r) \qquad (2\text{-}66)$$

蜂窝状 PMUT 敏感单元工作在接收模式下时，蜂窝状 PMUT 敏感单元的机电耦合系数 η 可以表示为式（2-67）[81]。

$$\eta = kd_s \qquad (2\text{-}67)$$

其中，k 为波束，表示为：$k=2\pi f/c$；c 为工作介质中的声速；d_s 是敏感单元的静态位移。

蜂窝状 PMUT 阵列的声压灵敏度，S_{RX}，可以表示为式（2-68）[81]。

$$S_{RX} = \frac{G \cdot FA \cdot A}{\eta} \frac{3\eta^2 Z_{ele}}{\eta^2 Z_{ele} + Z_{tot}} \qquad (2\text{-}68)$$

其中，G 是蜂窝状 PMUT 阵列的前置放大电路的增益；Z_{ele} 是蜂窝状 PMUT 阵列的电学阻抗；Z_{tot} 是蜂窝状 PMUT 阵列的机械阻抗和声学阻抗之和；A 是蜂窝状 PMUT 阵列的面积。

从式（2-68）中可以看出，蜂窝状 PMUT 阵列的声压灵敏度与其填充因子 FA 和蜂窝状 PMUT 阵列的面积 A 成正比。因此，在设计 PMUT 阵列时，可以通过提高 PMUT 阵列的填充率以及面积来获得更大的声压灵敏度。在 PMUT 敏感单元之间设计为 40 μm 的键合面积，蜂窝状 PMUT 阵列的填充因子与其特征尺寸的关系如图 2-16 所示。从图中可以看出，在固定键合面积一定的前提下，蜂窝状 PMUT 阵列的填充因子会随着特征尺寸的增大而增大。

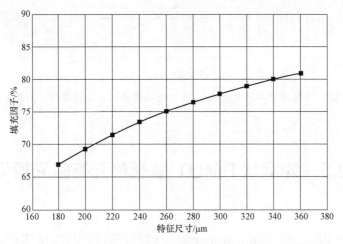

图 2-16　蜂窝状 PMUT 阵列的填充因子与其特征尺寸的关系

根据式（2-68），蜂窝状 PMUT 阵列的声压灵敏度在很大程度上取决于蜂窝状 PMUT 敏感单元的设计，尤其是敏感单元振动薄膜中性面的位置会直接影响蜂窝状 PMUT 敏感单元工作在接收模式下的声压灵敏度。而敏感单元振动薄膜中性面的位置取决于振动薄膜各个堆叠层的厚度。计算的蜂窝状 PMUT 敏感单元声压灵敏度对其顶层氧化层厚度的依赖性，如图 2-17 所示。从图 2-17 中可以看出，蜂窝状 PMUT 敏感单元声压灵敏度会随着顶层氧化物厚度的减小而增加。这是由于较厚的顶层氧化物减少了中性轴与压电层中间的距离，从而减少了蜂窝状 PMUT 敏感单元在接收模式中产生的应力，进而会减少电荷的产生。因此，在对蜂窝状 PMUT 敏感单元顶层氧化物厚度进行设计时，应该优选薄氧化层。

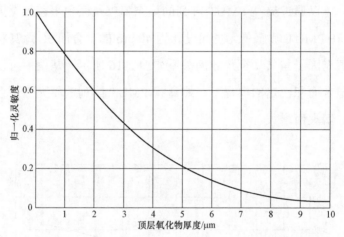

图 2-17　蜂窝状 PMUT 敏感单元归一化灵敏度与其顶层氧化物厚度的关系

2.5　蜂窝状 PMUT 敏感单元有限元模型

使用 COMSOL Multiphysics @ 5.4 对蜂窝状 PMUT 敏感单元工作在接收模式下时进行建模来计算敏感单元的模态、应力和谐振频率等性能参数。图 2-18 显示了建立的蜂窝状 PMUT 敏感单元的三维有限元模型。从图 2-18 中可以看出，建立的蜂窝状 PMUT 敏感单元三维有限元模型采用的是六边形腔体结构和六边形衬底结构。其中，建立的蜂窝状 PMUT 敏感单元三维有限元模型是由带有 50 μm 深的腔体结构的衬底和蜂窝状 PMUT 敏感单元振动薄膜结构层组成。敏感单元振动薄膜结构层从下到上依次为带有 1 μm 厚的底层氧化物、5.2 μm 厚的高掺杂硅器件层、1 μm

厚的氮化铝压电敏感层，0.15 μm 厚的钼图形化后形成的顶电极层和 1.8 μm 厚的氧化物钝化层组成。设置的上电极特征尺寸为蜂窝状 PMUT 敏感单元腔体特征尺寸的 0.7 倍。另外，在设置蜂窝状 PMUT 敏感单元有限元模型的边界条件时，对敏感单元底面进行固定，在敏感单元侧面上施加周期性边界条件。由于设计的蜂窝状 PMUT 敏感单元采用的是真空腔体。因此，在对建立的模型进行求解时，需要在蜂窝状 PMUT 敏感单元振动薄膜的上表面施加一个标准大气压和 1 Pa 的声压扰动。在对有限元模型进行计算过程中使用的模拟材料属性参数，见表 2-4。

表 2-4　模拟中使用的材料特性参数

		AlN	Si	SiO$_2$	Mo
弹性常数，c_{ij} / GPa	c_{11}	410.06	165.6	70	329
	c_{12}	100.69	63.9		
	c_{13}	83.82			
	c_{33}	368.24			
	c_{44}	100.58	79.5		
	c_{66}	154.70			
相对介电常数，ε_{ij} / (C/m^2)	ε_{31}	9	11.7	4.2	
	ε_{33}	11	11.7	4.2	
密度，ρ / (kg/m^3)		3 260	2 329	2 200	10 200
压电应变常数，e_{ij} / (C/m^2)	e_{15}	−0.48			
	e_{31}	−0.58			
	e_{33}	1.55			

通过有限元模型对蜂窝状 PMUT 敏感单元的模态进行分析可以实现对其模态振型和固有频率等特征参数进行计算。图 2-19 显示了在蜂窝状 PMUT 敏感单元振动薄膜表面施加一个标准大气压和 1 Pa 的声压扰动后，蜂窝状 PMUT 敏感单元振动薄膜的一阶模态图。

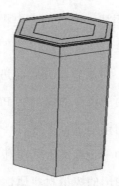

图 2-18　蜂窝状 PMUT 敏感单元有限元模型

图 2-19　蜂窝状 PMUT 敏感单元一阶模态图

　　通过对建立的蜂窝状 PMUT 敏感单元有限元模型的应力进行计算，可以分析出敏感单元振动薄膜的应力分布情况，进而可以实现对敏感单元最佳上电极覆盖区域进行计算。图 2-20 显示了蜂窝状 PMUT 敏感单元工作在接收模式下的应力分布图。从图 2-20（a）敏感单元表面应力和图 2-20（b）振动薄膜横截面应力图中可以看出，蜂窝状 PMUT 敏感单元在外界声源辐射的声压信号的作用下会发生形变。在蜂窝状 PMUT 敏感单元振动薄膜发生形变后，振动薄膜的中性面以上的中心区域承受拉应力时，振动薄膜边缘区域就会承受压应力，反之亦然。因此，在对蜂窝状 PMUT 敏感单元上电极覆盖区域进行设计时，上电极应尽可能覆盖在应力无符号变化的区域。根据图 2-20 的仿真结果中可以得出，蜂窝状 PMUT 敏感单元的最佳上部电极半径覆盖范围是腔体半径的 0.7 倍。

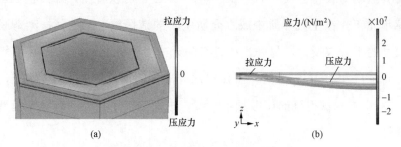

图 2-20　敏感单元振动薄膜应力分析
（a）表面应力分布；（b）横截面应力分布

图 2-21 显示了通过有限元仿真计算的蜂窝状 PMUT 敏感单元上电极特征尺寸与腔体的比值和其归一化灵敏度的关系。从图 2-21 中可以看出，当蜂窝状 PMUT 敏感单元上电极特征尺寸与腔体的特征尺寸之比为 0.7 时，蜂窝状 PMUT 敏感单元具有最大的归一化灵敏度。因此，在对蜂窝状 PMUT 敏感单元的上电极尺寸进行设计时，需要选择上电极特征尺寸是腔体特征尺寸的 0.7 倍。

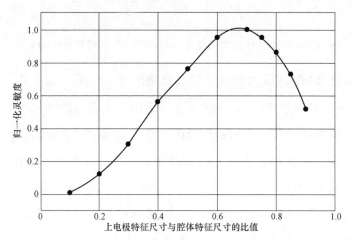

图 2-21　蜂窝状 PMUT 敏感单元归一化灵敏度与
上电极和腔体特征尺寸比值的关系

图 2-22 显示了通过建立的有限元仿真模型对蜂窝状 PMUT 敏感单元分别工作在空气介质中和水介质中时，蜂窝状 PMUT 敏感单元的谐振频

率与其振动薄膜特征尺寸的关系。从图 2-22 中可以看出，蜂窝状 PMUT 敏感单元工作在空气介质中或水介质中时的谐振频率都与其振动薄膜特征尺寸的平方成反比。另外，通过有限元模型计算的蜂窝状 PMUT 敏感单元特征尺寸为 360 μm 时，工作在水介质中的谐振频率为 0.4 MHz，这与第 3 章中测试得到的谐振频率一致，进而验证了建立的有限元模型的可靠性。

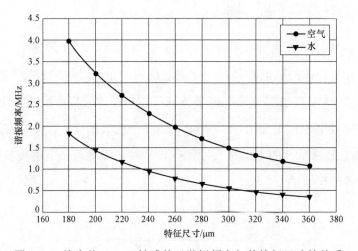

图 2-22　蜂窝状 PMUT 敏感单元谐振频率与其特征尺寸的关系

　　蜂窝状 PMUT 敏感单元顶层氧化物的主要作用是保护其上电极不被氧化，防止蜂窝状 PMUT 在使用过程中由于上电极的氧化可能出现的电气短路等问题。另外，蜂窝状 PMUT 敏感单元顶层氧化物还可以起到调节中性面的位置和调节蜂窝状 PMUT 敏感单元谐振频率的作用。为了分析蜂窝状 PMUT 敏感单元顶层氧化物厚度与其谐振频率的关系，本书通过有限元仿真模型对蜂窝状 PMUT 敏感单元的谐振频率与顶层氧化物的厚度的关系进行了建模。在计算过程中使用的蜂窝状 PMUT 敏感单元腔体尺寸和振动薄膜尺寸见表 2-5。图 2-23 显示了通过建立的有限元仿真模型分析的蜂窝状 PMUT 敏感单元顶层氧化物的厚度与其谐振频率的关系。

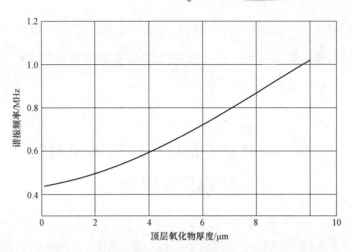

图 2-23　蜂窝状 PMUT 敏感单元谐振频率与其顶层氧化物厚度的关系

　　为了验证蜂窝状 PMUT 敏感单元的声压灵敏度与其顶层氧化物厚度的关系，通过建立的有限元模型对其声压灵敏度与顶层氧化物厚度的关系进行了计算。图 2-24 显示了通过有限元模型计算的蜂窝状 PMUT 敏感单元顶层氧化物厚度与其归一化声压灵敏度的关系。从图 2-24 中可以看出，蜂窝状 PMUT 敏感单元工作在接收模式下时，其归一化灵敏度会随着敏感单元振动薄膜顶层氧化物厚度的减小而增加。这是由于蜂窝状 PMUT 敏感单元较厚的顶层氧化物会减少其中性轴与压电层中间的距

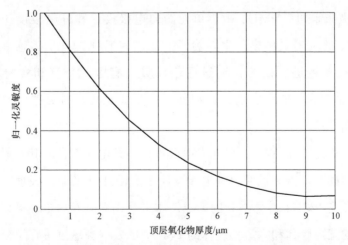

图 2-24　模拟的蜂窝状 PMUT 敏感单元归一化灵敏度与其顶层氧化物厚度的关系

离，从而减少了产生的应力，进而会减少在电极上产生的电荷。因此，根据有限元仿真结果可知，在对蜂窝状 PMUT 敏感单元顶层氧化物厚度进行设计时，要优选薄的顶层氧化物。

2.6　蜂窝状 PMUT 敏感单元电极结构优化设计

相比于 PZT 作为压电敏感层材料设计的 PMUT，AlN 作为压电敏感层材料的 PMUT 具有较低的发射灵敏度。针对基于 AlN 压电敏感层材料设计的 PMUT 存在发射灵敏度不足的问题，已经有很多文献对如何提高基于 AlN 压电敏感层材料设计的 PMUT 的发射灵敏度进行了报道。

为了提高 PMUT 的发射灵敏度，本书通过对在 2.4 节建立的蜂窝状 PMUT 敏感单元等效电路模型和 2.5 节建立的有限元仿真模型进行计算来对蜂窝状 PMUT 敏感单元的最优上电极布置进行分析。通过分析发现，PMUT 敏感单元的上电极特征尺寸与腔体特征尺寸的比值为 0.7 时，PMUT 敏感单元具有最大的灵敏度。但是，当 PMUT 敏感单元采用最优上电极布置时，PMUT 敏感单元的内电极设计和外电极设计是否会对 PMUT 的发射灵敏度产生影响。因此，为了对 PMUT 敏感单元的最优上电极布置进行研究，通过理论计算、有限元仿真和实验测试对 PMUT 敏感单元的内电极设计和外电极设计对其发射灵敏度的影响进行了分析。

为了验证 PMUT 敏感单元内电极设计和外电极设计对其发射灵敏度的影响。同时，为了说明内外电极设计对 PMUT 敏感单元发射灵敏度的改变不会受 PMUT 腔体形状的影响。本书分别对具有内电极设计和外电极设计的圆形腔体和六边形腔体的 PMUT 的发射灵敏度进行了分析和实验验证。与已有文献报道的工作不同，发现 PMUT 敏感单元内电极设计和外电极设计对其敏感单元的 Q 值有很大的影响。而不同的 Q 值会使 PMUT 敏感单元在谐振状态下能量损耗不同，从而会影响 PMUT 敏感单元的发射灵敏度。为了验证 PMUT 敏感单元内电极设计和外电极设计对其发射灵敏度的影响，加工的 PMUT 敏感单元结构参数如表 2-5 所示。

表 2-5　PMUT 敏感单元结构参数

参数	值/μm
特征尺寸	180
上电极特征尺寸（内电极设计）	126
上电极内径（外电极设计）	126
上电极外径（外电极设计）	180
铝厚度	1
顶层氧化物厚度	1.8
钼电极厚度	0.15
氮化铝厚度	1
器件层厚度	5.2
底层氧化物厚度	1
腔体深度	50

表 2-6 列出了通过计算、仿真和测试的 PMUT 敏感单元内电极设计和外电极设计与其谐振频率的关系。从表中可以看出，对于圆形腔体和六边形腔体的 PMUT 敏感单元，外电极设计都具有比内电极设计更高的谐振频率。而高谐振频率更有利于基于外电极设计的 PMUT 应用于高频领域设备的开发。

表 2-6　PMUT 上电极设计与其谐振频率的关系

设计		圆形腔体内电极	圆形腔体外电极	六边形腔体内电极	六边形腔体外电极
电极设计		内电极	外电极	内电极	外电极
腔体形状		圆形	圆形	六边形	六边形
谐振频率，$f_{0,\text{air}}$/MHz	分析	2.86	2.86	3.45	3.45
	仿真	2.99	3.07	3.93	4.02
	测试	2.92	3.01	3.59	3.72

当 PMUT 工作在 MHz 范围内时，PMUT 的主要的能量损耗机制包括空气阻尼（Q_{air}）、锚点损耗（Q_{anc}）和热弹性耗散（Q_{TED}）。PMUT 的总 Q 值是由其各个能量耗散机制引起的能量损失的总和决定的[140]。PMUT 的总 Q 值可以表示为式（2-69）所示。

$$\frac{1}{Q} \approx \frac{1}{Q_{air}} + \frac{1}{Q_{anc}} + \frac{1}{Q_{TED}} \qquad （2\text{-}69）$$

表 2-7 列出了通过有限元模型计算的 PMUT 敏感单元 Q_{air}、Q_{anc} 和 Q_{TED}。从表 2-7 中可以看出，无论是对于圆形腔体还是六边形腔体，PMUT 敏感单元内电极结构设计和外电极结构设计之间的 Q_{air} 没有明显区别，而对于内电极结构设计和外电极结构设计的 Q_{TED} 是不相同的。PMUT 敏感单元的内电极结构设计和外电极结构设计的 Q_{TED} 不同，是由于这两种电极结构设计在 PMUT 敏感单元振动薄膜发生振动时，应力导致的热流不同造成的。

另外，从表 2-7 中 PMUT 敏感单元的 Q_{air}、Q_{anc} 和 Q_{TED} 计算的结果中可以看出，与热弹性阻尼和空气阻尼相比，锚点损耗在 PMUT 敏感单元的能量耗散体制中占主导地位。而相比于内电极结构设计，PMUT 敏感单元外电极结构设计显示出较低的锚点损耗，因此 Q_{anc} 会较高，从而使相比于 PMUT 内电极结构设计，采用外电极结构设计的 PMUT 敏感单元具有更高的 Q 值。另外，由于在这项工作中，采用有限元模型对 PMUT 的 Q 值进行计算时，建立的有限元模型是 PMUT 敏感单元，而在对 PMUT 的 Q 值进行测试时是采用的 PMUT 阵列。另外，在对 PMUT 敏感单元的 Q 值进行计算时没有考虑 PMUT 敏感单元之间的相互声学串扰。因此，导致通过有限元模型对 PMUT 敏感单元进行计算的 Q 值会与实验测试得到的 Q 值不完全一样。但是，本书通过有限元模型计算和实验测试都验证了 PMUT 的外电极设计比内电极设计具有更高的 Q 值。

表 2-7　模拟 PMUT 敏感单元的 Q_{anc}、Q_{TED} 和 Q_{air}

设计	圆形腔体内电极	圆形腔体外电极	六边形腔体内电极	六边形腔体外电极
Q_{air}	6 664.37	6 228.19	9 087.85	9 094.60
Q_{anc}	450.46	516.71	788.03	822.54
Q_{TED}	6 718.35	7 139.17	9 752.35	13 072.42
Q	397.01	447.24	667.61	713.17

　　为了验证 PMUT 敏感单元外电极设计具有更高的 Q 值和发射灵敏度，本书采用 LDV 对敏感单元的 Q 值和振动薄膜的振动速度进行测试。在测试过程中，采用 5 Vp-p 的驱动电压来驱动 PMUT 敏感单元振动薄膜发生振动。测试的具有圆形腔体和六边形腔体的 PMUT 敏感单元外电极结构设计和内电极结构设计的敏感单元振动薄膜的归一化中心速度与其频率的关系，如图 2-25 所示。图 2-25（a）显示了具有圆形腔体结构的 PMUT 敏感单元振动薄膜的归一化中心速度与频率的关系。图 2-25（b）显示了具有六边形腔体结构设计的 PMUT 敏感单元振动薄膜的归一化中心速度与频率的关系。

　　根据图 2-25 中的测试结果可以看出，对于具有圆形腔体结构的 PMUT 敏感单元内电极结构设计和外电极结构设计的振动薄膜中心速度分别为 15.36 mm/s、20.67 mm/s。对于具有六边形腔体结构的 PMUT 敏感单元内电极结构设计和外电极结构设计的敏感单元振动薄膜中心速度分别为 16.62 mm/s 和 22.18 mm/s。因此，通过测试结果可以发现无论是对于圆形腔体结构设计还是六边形腔体结构设计，PMUT 敏感单元外电极结构设计都具有比内电极结构设计更高的中心振动速度和更大的 Q 值。而在非谐振区域，PMUT 敏感单元外电极结构设计和内电极结构设计具有相同的中心速度。测试结果显示，对于相应设计的 Q 值也遵循着 PMUT 敏感单元振动薄膜中心振动速度相同的趋势。无论是圆形腔体设计还是六边形腔体设计，具有较大中心速度的 PMUT 敏感单元都具有更

高的 Q 值。因此，我们认为外电极设计具有更大的振动速度是由于外电极设计具有更高的 Q 值造成的。

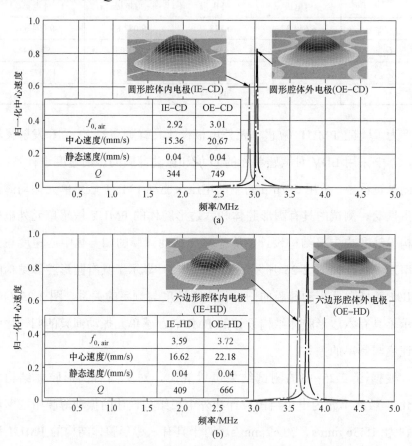

图 2-25　在空气中工作时 PMUT 敏感单元的中心速度与其频率的关系
（a）圆形腔体 PMUT 设计；（b）六边形腔体 PMUT 设计

　　为了进一步验证 PMUT 敏感单元外电极结构设计具有比内电极结构设计更大的发射灵敏度。通过 LDV 测试的 PMUT 敏感单元在谐振状态下振动薄膜的路径位移，如图 2-26 所示。从图中可以看出，无论是对于圆形腔体结构设计还是对于六边形腔体结构设计，PMUT 外电极设计都比内电极设计具有更大的振动位移。另外，从图中可以看出对于圆形腔体结构的 PMUT 振动薄膜的外电极设计在最大振动幅度处比内电极设计高 1.38 倍，对于六边形腔体的最大振动幅度提高了 1.19 倍。

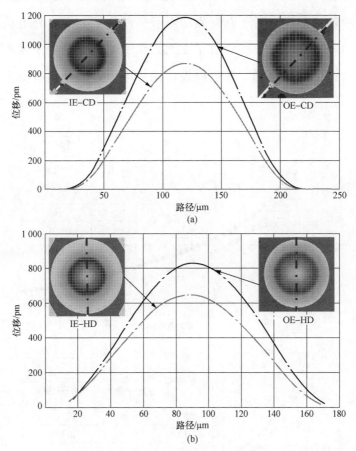

图 2-26　外电极设计和内电极设计的 PMUT 路径上的振动位移
（a）圆形腔体设计；（b）六边形腔体设计

蜂窝状 PMUT 阵列在轴向距离上的输出压力，$P_{\text{out}}(z)$，可以表示为[129]：

$$P_{\text{out}}(z) = 2\rho_0 c_0 V_{\text{p}} \left| \sin\left[\frac{1}{2} kz \left(\sqrt{1 + \left(\frac{a}{z}\right)^2} - 1 \right) \right] \right| \qquad （2\text{-}70）$$

其中，ρ_0、c_0、k 和 z 分别是空气密度、空气声速、波数和轴向距离。

图 2-27 显示了通过理论计算的 PMUT 输出压力与轴向距离的关系。

从图 2-27（a）中可以看出对于具有圆形腔体结构的 PMUT 外电极设计

比内电极设计在 0.2 mm 的轴向距离处显示出高 29.63%的输出压力。而在相同的轴向距离上对于具有六边形腔体结构的 PMUT 外电极设计的输出压力相比内电极设计增强了 32%。这表明无论是对于圆形腔体结构还是六边形腔体结构，外电极设计比内电极设计都具有更大的声压输出。

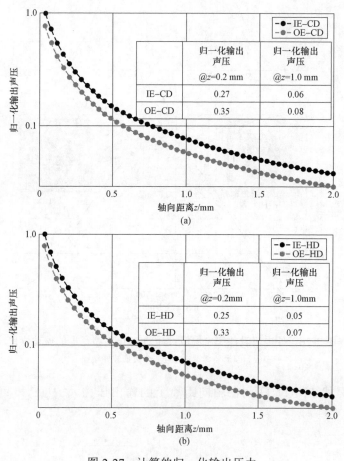

图 2-27　计算的归一化输出压力
（a）圆形腔体设计；（b）六边形腔体设计

表 2-8 显示了通过计算和测试的 PMUT 内电极设计和外电极设计的 PMUT 敏感单元振动薄膜的中心速度。从表中可以看出无论是采用圆形腔体还是六边形腔体设计的 PMUT，外电极设计都显示出比内电极设计

更高的中心速度。通过以上分析可以得出，外电极结构设计都比内电极结构设计更高的发射灵敏度，这是由于外电极设计具有比内电极设计更高的 Q 值而引起的。

表 2-8　通过分析和测试比较 PMUT 敏感单元的中心速度

设计	理论分析值/（mm/s）	实验测试值/（mm/s）
圆形腔体内电极	18.30	15.36
圆形腔体外电极	25.55	20.67
六边形腔体内电极	25.56	16.62
六边形腔体外电极	26.44	22.18

表 2-9 显示了在水中测试的具有内电极和外电极设计的 PMUT 阵列的谐振频率、$f_{0,\text{water}}$、Q_{water} 和振动薄膜中心速度。从表中可以看出，无论是采用圆形腔体还是六边形腔设计的 PMUT，对于 PMUT 阵列的谐振频率、Q_{water} 和振动薄膜中心速度，外电极设计和内电极设计之间没有明显的差异。这是由于 PMUT 在水介质中进行工作时，水介质阻尼在 PMUT 的能量损耗机制中起主要作用，而 PMUT 的内电极设计和外电极设计的 Q_{water} 在水介质中几乎相同。

表 2-9　在水中测试的 PMUT 外电极设计和内电极设计的特征参数

	圆形腔体内电极	圆形腔体外电极	六边形腔体内电极	六边形腔体外电极
$f_{0,\text{water}}$/MHz	1.50	1.58	1.60	1.75
Q_{water}	31	33	33	34
中心速度/（mm/s）	4.05	4.16	4.29	4.38

2.7　PMUT 工艺平台

目前，主流的 PMUT 加工平台主要有 SOI 工艺平台和 CSOI 工艺平

台。常见的基于 SOI 工艺平台和 CSOI 工艺平台加工的 PMUT 敏感单元
横截面图，如图 2-28 所示。针对应用于水听器和电子听诊器的 PMUT 设
计要求和封装需求，通过分析发现相比于 SOI 工艺平台，基于 CSOI 工
艺平台加工的 PMUT 具有工艺简单，适合批量化生产和更适用于对水听
器和电子听诊器等设备开发的特点。详述原因如下：

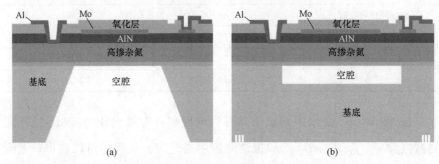

图 2-28　PMUT 的制备工艺平台
（a）SOI 工艺平台；（b）CSOI 工艺平台

① 单边工艺。在基于 CSOI 工艺平台加工 PMUT 时，所有的工艺
步骤都可以在晶圆的正面完成。即使在 CSOI 的制备过程中，在硅器件层
上的对准标记也可以通过红外对准方法来对准衬底中预先定义的空腔
层。而在基于 SOI 平台加工 PMUT 时，需要在 SOI 的背面刻蚀腔体。
因此，基于 SOI 的工艺平台对 PMUT 加工时需要使用双面对准方法，
这增加了工艺的复杂性。

② 更好的工艺过程控制。在基于 CSOI 工艺平台加工 PMUT 时，
深度约为 30～50 μm 的腔体是使用 DRIE 预定义的，腔体尺寸可以精确
控制。而在基于 SOI 工艺平台加工 PMUT 时，通过 DRIE 需要蚀刻深
度超过 500 μm（基板厚度）的背面腔。因此，当蚀刻穿过硅基板时，很
难准确控制 CD 损失和蚀刻轮廓，无法实现对腔体尺寸或振动薄膜尺寸
进行精确控制。

③ 避免正面保护。基于 CSOI 工艺平台加工 PMUT 时，所有的工艺
流程都是单边工艺。因此，在加工过程中不需要对其进行正面保护，而

在基于 SOI 的工艺平台对 PMUT 进行加工时，在 SOI 的背面刻蚀腔体时，需要对 SOI 的正面进行保护。

④ 易于封装。基于 CSOI 工艺平台加工 PMUT 时，是采用的真空腔体，从而更容易进行封装。

⑤ 当传感单元的尺寸较小时，基于 SOI 工艺平台对 PMUT 加工时可能对 DRIE 深宽比有设计限制。

根据对 SOI 工艺平台和 CSOI 工艺平台对 PMUT 加工的优缺点进行分析，本书选择 COSI 工艺平台对 PMUT 进行加工。图 2-29 显示了基于 CSOI 工艺平台制备的蜂窝状 PMUT 阵列的工艺流程。具体工艺流程如下：

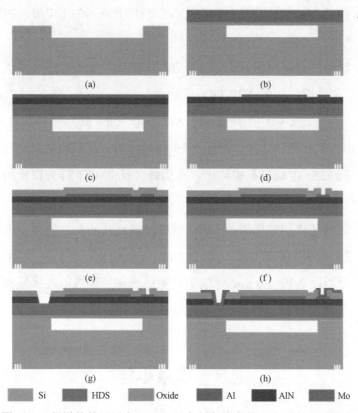

| Si | HDS | Oxide | Al | AlN | Mo |

图 2-29　报道的基于压电-CSOI 平台制备蜂窝状 PMUT 的工艺流程
（a）图形化后的衬底硅片；（b）晶圆键合；（c）沉积 AlN 压电层和 Mo 电极层；
（d）图形化 Mo 电极层；（e）顶部氧化物沉积；（f）刻蚀顶电极连接孔；（g）刻蚀底电极连接孔；
（h）沉积 Al 并进行图形化后形成连接线和焊盘

① 基于 CSOI 工艺平台制备蜂窝状 PMUT 阵列时，是从带有图形化腔体结构的衬底硅片开始的，如图 2-29（a）所示。该衬底硅片厚度约为 725 μm，在衬底硅片正面刻蚀图形化的六边形腔体，腔体横向特征尺寸为 360 μm，腔体深度为 50 μm。

② 将带有图形化腔体的衬底硅片和带有 5.2 μm 厚器件层，1 μm 厚氧化物层的高掺杂单晶硅在真空环境中进行键合，如图 2-29（b）所示。其中，真空的键合环境可以保证键合后的蜂窝状 PMUT 阵列的腔体是真空环境，真空腔的设计有助于增强 PMUT 的性能。

③ 在使用磁控溅射设备沉积 1 μm 厚的 AlN 压电薄膜后，再沉积 0.15 μm 厚的 Mo 电极层用于形成蜂窝状 PMUT 阵列的上电极，如图 2-29（c）所示。

④ 然后，对沉积的 Mo 电极层进行图形化，进而形成蜂窝状 PMUT 阵列的顶部电极，如图 2-29（d）所示。

⑤ 使用 PECVD 在蜂窝状 PMUT 阵列的 Mo 电极层表面沉积 1.8 μm 厚的氧化物钝化层，如图 2-29（e）所示。沉积顶层氧化物的目的是用于保护 Mo 电极层不被氧化，防止蜂窝状 PMUT 阵列在使用过程中出现电气短路的问题。

⑥ 蚀刻氧化物钝化层和 AlN 压电层来打开通孔，进而引出蜂窝状 PMUT 顶部电极和底部电极，如图 2-29（f）和图 2-29（g）所示。

⑦ 最后，沉积 1.0 μm 厚的铝，被图形化后形成电连接线和焊盘，如图 2-29（h）所示。

2.8 本章小结

本章首先采用分段法对蜂窝状 PMUT 敏感单元进行数值建模，通过建立的数值模型推导了蜂窝状 PMUT 敏感单元的静态路径位移和在谐振状态下的路径位移。建立的蜂窝状 PMUT 敏感单元数值模型可用于对结构参数进行计算,如通过计算在不同的结构特征参数下蜂窝状 PMUT 敏感单元的灵敏度等性能参数。然后,采用 LDV 对加工的蜂窝状 PMUT 敏感单元的静态路径位移和在谐振状态下的路径位移进行测试。并将测试值与理论值进行对比,对比结果验证了开发的蜂窝状 PMUT 敏感单元数值模型的可靠性。

随后,本章通过能量法对建立的蜂窝状 PMUT 敏感单元等效电路模型进行了关键参数推导。本部分通过建立的等效电路模型详细推导了蜂窝状 PMUT 敏感单元的板型函数、振动位移、振动速度、谐振频率、发射灵敏度、接收灵敏度等性能参数表达式。

并通过有限元模型对推导的蜂窝状 PMUT 敏感单元的谐振频率、顶层氧化物厚度对谐振频率的影响等进行了验证。另外,本章还通过建立的三维蜂窝状 PMUT 敏感单元有限元仿真模型对敏感单元的模态、应力等进行了分析。通过建立的数值模型、等效电路模型和有限元模型为蜂窝状 PMUT 敏感单元和阵列结构设计提供了理论参考依据和设计方法。

通过建立的数值模型和有限元模型对蜂窝状 PMUT 敏感单元电极结构进行优化。首先,通过分析发现蜂窝状 PMUT 敏感单元的最佳上电极布置为腔体特征尺寸的 0.7 倍时,蜂窝状 PMUT 敏感单元具有最大的灵敏度。其次,通过建立的数值模型和有限元模型对以最佳上电极布置(上电极特征尺寸是腔体特征尺寸的 0.7 倍时)的内电极设计和外电极设计对蜂窝状 PMUT 敏感单元的发射灵敏度进行分析。分析发现当蜂窝状 PMUT 敏感单元工作在空气介质中时,外电极设计具有比内电极设计更低的能量损耗,即蜂窝状 PMUT 敏感单元外电极设计具有更高的 Q 值。从而相比于内电极设计,外电极设计的蜂窝状 PMUT 敏感单元具有更高的发射灵敏度。另外,本章也验证了对于圆形腔体结构也具有相同的结论,即 PMUT 工作在空气介质中时,外电极设计具有比内电极设计更高的发射灵敏度。最后,通过对建立的数值模型推导可以得出高的填充率会导致 PMUT 阵列具有高的灵敏度。另外，通过分析发现当 PMUT 工作在水下时，PMUT 的主要能量损耗来源是水介质阻尼。因此，当 PMUT 工作在水介质中时，PMUT 敏感单元内电极设计和外电极设计不会对 PMUT 的发射灵敏度产生影响。这部分内容发表在 IEEE Transactions on Ultrasonics，Ferroelectrics，and Frequency Control 上。

通过对建立的数值模型进行推导可以得出，提高 PMUT 阵列的填充率可以提高 PMUT 阵列的灵敏度。因此，本书采用六边形腔体结构设计的 PMUT 敏感单元，并将六边形 PMUT 敏感单元按照仿生蜂窝状进行排列形成阵列。设计得到的蜂窝状 PMUT 阵列具有高的填充率和灵敏度的特点。最后，本章将得到的蜂窝状 PMUT 结构特征参数进行版图设计，并将确定的蜂窝状 PMUT 阵列结构进行了工艺实现。高填充率的蜂窝状 PMUT 阵列结构申请了发明专利"高填充率 MEMS 换能器"。

第 3 章　蜂窝状 PMUT 特性表征

针对应用于电子听诊器和水听器的 PMUT 阵列高灵敏度的需求，本书采用六边形结构设计 PMUT 敏感单元，并依据仿生蜂窝状结构对 PMUT 阵列进行排布来提高 PMUT 阵列的灵敏度。第 2 章分别采用了分段法和能量法对蜂窝状 PMUT 敏感单元进行数值建模，并采用 LDV 对加工的蜂窝状 PMUT 敏感单元路径位移进行了测试，将测试得到的蜂窝状 PMUT 敏感单元静态路径位移和在谐振状态下的路径位移与采用分段法进行数值建模得到的蜂窝状 PMUT 敏感单元的位移进行对比，验证了采用分段法建立的蜂窝状 PMUT 敏感单元数值模型的可靠性。另外，第 2 章还通过能量法对建立的蜂窝状 PMUT 敏感单元等效电路模型进行了关键参数推导，确定了高灵敏度蜂窝状 PMUT 敏感单元结构的几何参数，并将确定的蜂窝状 PMUT 敏感单元结构参数进行版图绘制和工艺实现。

在第 2 章对蜂窝状 PMUT 敏感单元进行分析、工艺实现的基础上。本章对开发的蜂窝状 PMUT 进行形貌、材料性能参数、敏感单元发射灵敏度、谐振频率、电极尺寸、静态电容等进行了表征。另外，针对电子听诊器和水听器的应用环境，结合透声封装理论模型，围绕蜂窝状 PMUT 阵列封装要求（透声、无毒和耐腐蚀）进行封装技术研究。最终，选取声阻抗与人体组织和水相近、无毒且耐腐蚀的 JA-2S 浇注聚氨酯作为封装材料，完成了对蜂窝状 PMUT 阵列的封装。随后，通过搭建实验室测试系统，对蜂窝状 PMUT 阵列进行了收发一体性能测试、发射电压响应级测试、接收灵敏度测试和指向性测试。测试结果表明设计的蜂窝状 PMUT 阵列具有较好的收发特性。其中，蜂窝状 PMUT 阵列在水中的发射响应为 172 dB（参考：1 μPa/V），接收声压灵敏度为 −150 dB（参考：1 V/μPa），且在需要的扫描角度范围内无栅瓣出现，并伴随较低的旁瓣干扰。本章的内容为第 4 章蜂窝状 PMUT 阵列的应用研究提供了基础。

3.1　蜂窝状 PMUT 形貌表征

图 3-1 显示了加工的具有差分电极的蜂窝状 PMUT 阵列的光学显微镜图像，制造的蜂窝状 PMUT 阵列尺寸为 3.2 mm×3.2 mm。构成蜂窝状 PMUT 阵列的敏感单元采用六边形腔体结构，并将具有六边形腔体结构的敏感单元按照仿生蜂窝状结构进行排列。蜂窝状 PMUT 敏感单元腔体为六边形结构，其外接圆直径为 360 μm，腔体深度为 50 μm。为了保证加工工艺的可靠性，设计的蜂窝状 PMUT 敏感单元的键合间距为 40 μm。敏感单元上电极为 Mo 电极，并采用差分电极布置，差分电极的内电极特征尺寸为 252 μm，外电极采用环形电极布置。为了减小蜂窝状 PMUT 阵列的寄生电容，设计通孔将 Mo 电极与位于顶层氧化物表面的 Al 连接线进行连接，实现阵列结构的电气连接。另外，在不考虑死区的前提下，采用六边形结构设计的 PMUT 敏感单元按照仿生蜂窝状结构进行排列构成的 PMUT 阵列可以实现 81% 的填充率。

图 3-2 显示了基于 AlN 压电敏感层材料设计的蜂窝状 PMUT 敏感单元横截面图。图 3-2（a）显示了加工的蜂窝状 PMUT 敏感单元的横截面图像，从图 3-2（a）中可以看出敏感单元是由带有真空腔体的衬底和位于带有真空腔体的衬底上面的敏感单元结构层组成。图 3-2（b）显示了

放大的蜂窝状 PMUT 敏感单元的结构层横截面图像，从该图像中可以清晰地看到，蜂窝状 PMUT 敏感单元的结构层从上到下依次为顶部氧化物、Mo 电极、AlN 敏感层、高掺杂硅和底层氧化物。

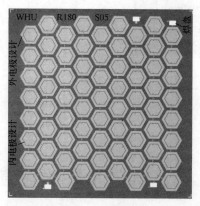

图 3-1　制造的蜂窝状 PMUT 阵列的光学图像

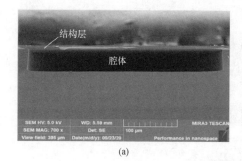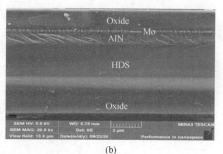

(a)　　　　　　　　　　　　　　　(b)

图 3-2　基于 AlN 压电敏感层材料设计的蜂窝状
PMUT 敏感单元横截面

（a）敏感单元横截面图；（b）放大的敏感单元结构层横截面图

图 3-3（a）显示了通过磁控溅射沉积的 AlN 压电薄膜的横截面图像。测试得到的 AlN 薄膜的 X 射线衍射（XRD）摇摆曲线，如图 3-3（b）所示。从图中可以看出溅射的 AlN 薄膜完全 c 轴取向，半高宽（FWHM）值为 1.38°。

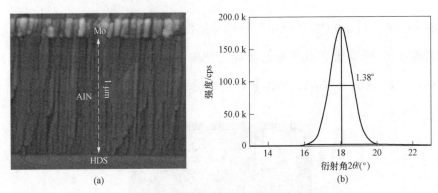

图 3-3　表征溅射的氮化铝压电薄膜

（a）AlN 薄膜横截面图；（b）AlN 薄膜的 XRD 摇摆曲线

3.2　蜂窝状 PMUT 电容值测试

　　由于在加工过程中存在工艺误差，在同一晶圆上通过磁控溅射沉积的 AlN 压电薄膜中心部分和边缘部分厚度不一致，从而影响开发的蜂窝状 PMUT 阵列的性能。为了验证沉积的 AlN 压电薄膜厚度的一致性，本书将 8 英寸晶圆分为了 33 个区域进行测试，晶圆区域划分图如图 3-4 所示。

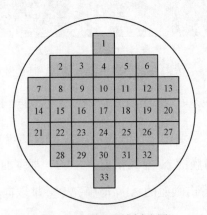

图 3-4　晶圆区域划分图

　　为了验证沉积的 AlN 压电薄膜厚度的一致性，使用 Keysight B1500A

半导体参数分析仪分别测试了四种不同设计的蜂窝状 PMUT 阵列的静态电容值。在测试过程中，分别对图 3-4 的区域 6、区域 17、区域 28 中相同设计的蜂窝状 PMUT 阵列静态电容值进行测试，测试结果如表 3-1 所示。从表中可以看出，四种不同设计的蜂窝状 PMUT 阵列测试得到的最大电容值误差小于 1 pF。因此，通过电容值误差可以推导出 AlN 压电薄膜厚度误差小于 0.4%。

表 3-1　蜂窝状 PMUT 阵列静态电容测试

材料	腔体特征尺寸/μm	区域 6 测试电容值/pF	区域 17 测试电容值/pF	区域 28 测试电容值/pF
AlN	180	243.039	244.232	243.134
AlN	360	273.162	274.553	273.162
9.5%Sc-AlN	180	292.326	292.287	292.245
9.5%Sc-AlN	360	330.883	330.909	330.898

3.3　蜂窝状 PMUT 敏感单元测试

图 3-5 显示了在水和空气介质中，蜂窝状 PMUT 敏感单元基于数值模型计算、有限元模型计算和 Polytec MSA-600 激光多普勒振动计（LDV）测试的谐振频率与其特征尺寸的关系。从图 3-5 中可以看出，蜂窝状 PMUT 敏感单元分别在水介质中和空气介质中工作时，由数值模型预测、有限元模型分析和使用 LDV 进行测试的蜂窝状 PMUT 敏感单元谐振频率几乎一致，从而验证了理论模型和有限元模型的可靠性。

图 3-6 显示了分别基于数值模型计算、有限元模型计算和测试的不同上电极特征尺寸与腔体特征尺寸的比值和蜂窝状 PMUT 敏感单元归一化灵敏度之间的关系。从图中可以看出，当蜂窝状 PMUT 敏感单元上电极特征尺寸与腔体的特征尺寸比值为 0.7 时，蜂窝状 PMUT 敏感单元具有

最大的归一化灵敏度。另外，从图中也可以看出由数值模型预测、有限元模型分析和测试的结果几乎一致，从而验证了在第 2 章建立的数值模型和有限元模型分析的可靠性。

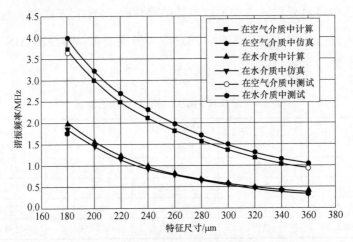

图 3-5　数值模型、有限元模型和测试的蜂窝状 PMUT 敏感单元
谐振频率与特征尺寸的关系

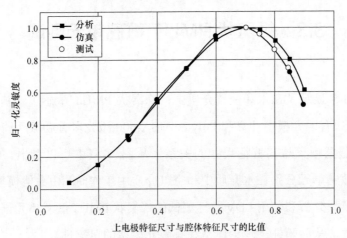

图 3-6　数值模型、有限元模拟和测试的蜂窝状
PMUT 阵列敏感单元归一化灵敏度

　　使用 LDV 对蜂窝状 PMUT 的敏感单元工作在空气介质中时的敏感单元振动薄膜中心位移和频率之间的关系进行测试。图 3-7 显示了测试的蜂窝状 PMUT 敏感单元频率-中心位移响应结果，插入图显示了蜂窝状

PMUT 敏感单元的一阶模态图。从图 3-7 中可以看出,测试得到的蜂窝状 PMUT 敏感单元在空气中的谐振频率为 0.92 MHz。另外,在峰峰值为 1 V 的交流驱动电压下,工作在空气中蜂窝状 PMUT 敏感单元在谐振频率下 的振动薄膜的中心位移为 670 pm。

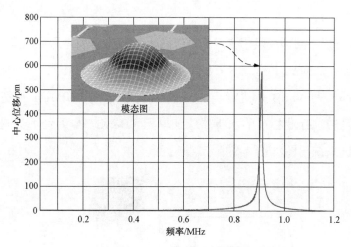

图 3-7　蜂窝状 PMUT 敏感单元频率响应测试

3.4　声压灵敏度测试

针对应用于电子听诊器和水听器的 PMUT 阵列高声压灵敏度的需 求,本书为了提高开发的 PMUT 阵列的声压灵敏度,采用以下 4 种方案 对提高 PMUT 阵列的声压灵敏度进行研究。本书采用控制变量法,对比 分析不同条件下 PMUT 的声压灵敏度,即:蜂窝状 PMUT 阵列结构与传 统圆形腔体结构对比;基于 9.5%Sc-AlN 压电敏感层和基于 AlN 压电敏感 层的蜂窝状 PMUT 阵列声压灵敏度对比;采用差分输出和单端输出的蜂 窝状 PMUT 阵列声压灵敏度对比;蜂窝状 PMUT 在不同厚度的顶层氧化 物下的声压灵敏度。具体分析如下:

① 分析采用蜂窝状结构设计和圆形结构设计对 PMUT 阵列的声压

灵敏度的影响；

②　对比基于 9.5%Sc-AlN 压电敏感层和 AlN 压电敏感层的蜂窝状 PMUT 阵列的声压灵敏度；

③　对比采用差分读取方式和单端读取方式的蜂窝状 PMUT 阵列的声压灵敏度；

④　分析不同顶层氧化物厚度对蜂窝状 PMUT 阵列声压灵敏度的影响。

为了完成对比实验，本书将所有类型的蜂窝状 PMUT 阵列输出的电压信号都放大 40 dB 后进行声压灵敏度测试。其中，PMUT 阵列的声压灵敏度是通过行业标准的水听器验证单元（B&K 声学系统）来进行测试的，测试系统框图如图 3-8 所示。

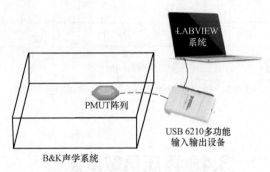

图 3-8　声压灵敏度测试系统框图

3.4.1　蜂窝状结构对声压灵敏度的影响

图 3-9 显示了测试得到的蜂窝状 PMUT 阵列在 10 Hz 至 50 kHz 的带宽范围内的声压灵敏度曲线。从图 3-9 中可以看出，测试得到的蜂窝状 PMUT 阵列在 10 Hz～50 kHz 的带宽范围内声压灵敏度为（−178±0.5）dB（参考：1 V/μPa），且具有非常平坦的声压响应。在我们之前报道的工作[19]中，敏感单元采用圆形腔体结构，按照行、列进行规则排布、尺寸为 3.5 mm×3.5 mm 的 PMUT 阵列的声压灵敏度为（−180±1）dB（参考：

1 V/μPa）。而本书中的蜂窝状 PMUT 阵列尺寸为 3.2 mm×3.2 mm，声压灵敏度为（−178±0.5）dB（参考：1 V/μPa）。因此，通过简单计算可以发现在单位面积上本书设计的蜂窝状 PMUT 阵列比采用圆形腔体结构的敏感单元按照行、列排布的 PMUT 阵列的声压灵敏度高 1.51 倍。声压灵敏度的提升主要是由于采用六边形腔体结构的敏感单元按照仿生蜂窝状结构排列提高了 PMUT 阵列的填充率，从而提高了单位面积内 PMUT 的声压灵敏度。

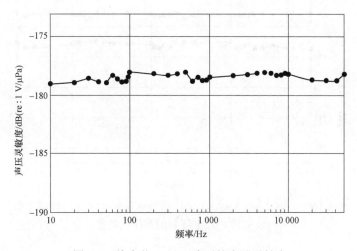

图 3-9　蜂窝状 PMUT 阵列的声压灵敏度

3.4.2　钪掺杂对声压灵敏度的影响

图 3-10 显示了分别基于 9.5%Sc-AlN 压电敏感层材料和基于 AlN 压电敏感层材料设计的蜂窝状 PMUT 阵列的声压灵敏度曲线。从图中可以看出基于 9.5%Sc-AlN 压电敏感层材料和基于 AlN 压电敏感层材料设计的蜂窝状 PMUT 阵列在 10 Hz～50 kHz 的频带范围内都显示出非常平坦的声压响应。基于 9.5%Sc-AlN 压电敏感层材料的蜂窝状 PMUT 阵列在 10 Hz～50 kHz 的频带范围内显示的声压灵敏度为（−173.5±0.5）dB（参考：1 V/μPa）。而基于 AlN 压电敏感层材料的蜂窝状 PMUT 阵列在

10 Hz～50 kHz 的频带范围内显示出的声压灵敏度为（−178±0.5）dB（参考：1 V/μPa）。因此，通过简单计算可以发现基于 9.5%Sc-AlN 压电敏感层材料设计的蜂窝状 PMUT 阵列比基于 AlN 压电敏感层材料设计的蜂窝状 PMUT 阵列的声压灵敏度高约 1.7 倍，这与第 2 章材料参数对比分析的结果相一致。

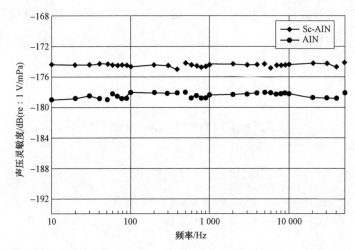

图 3-10　对比基于 9.5%Sc-AlN 压电敏感层和 AlN 压电敏感层的蜂窝状 PMUT 阵列的声压灵敏度

3.4.3　差分输出对声压灵敏度的影响

为了验证采用单端读取模式和差分读取模式对蜂窝状 PMUT 声压灵敏度的影响，本书设计了针对蜂窝状 PMUT 阵列结构的两种电路读取模式。图 3-11 显示了设计的采用单端读取模式和差分读取模式的配置示意图。图 3-11（a）显示了基于单端读取模式的电路结构示意图。在实验过程中，采用单端读取模式是将蜂窝状 PMUT 阵列的内上电极接入电压读取电路的正向输入端，蜂窝状 PMUT 阵列的下电极接入电压读取电路的负向输入端。图 3-11（b）显示了基于差分读取模式的电路结构示意图。在实验过程中，采用差分读取模式是将蜂窝状 PMUT 阵列的内上电极接入电压读取电路的正向输入端，蜂窝状 PMUT 阵列的内下电极接入电压读取电路的负向输入端。声压灵敏度测试使用行业标准的水听器验证单元（B&K 声学系统）来进行，将输出的信号通过 NI USB 6210 采集卡进行采集，如图 3-8 所示。

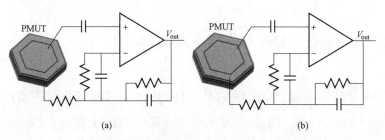

(a)　　　　　　　　　　　　　　(b)

图 3-11　采用不同读取配置对 PMUT 阵列的声压灵敏度进行测试
（a）单端输出；（b）差分输出

图 3-12 显示了基于单端输出和差分输出的蜂窝状 PMUT 阵列的声压灵敏度对比图。从图 3-12 中可以看出基于单端输出和差分输出的蜂窝状 PMUT 阵列在 10 Hz～50 kHz 的频带范围内都显示出非常平坦的声压响应。基于单端输出的蜂窝状 PMUT 阵列在 10 Hz～50 kHz 的频带范围内显示的声压灵敏度为（−178±0.5）dB（参考：1 V/μPa）。基于差分输出

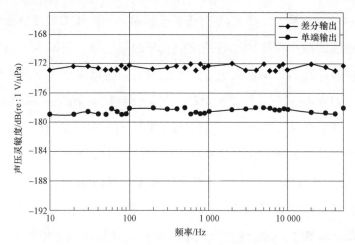

图 3-12　对比分别采用单端输出模式和差分输出模式的
蜂窝状 PMUT 阵列的声压灵敏度

的蜂窝状 PMUT 阵列在 10 Hz～50 kHz 的频带范围内显示的声压灵敏度为（−172±0.5）dB（参考：1 V/μPa）。因此，通过简单计算可以发现基于差分输出模式比基于单端输出模式的蜂窝状 PMUT 阵列的声压灵敏度高约 6 dB，这与采用差分输出方式理论预测的结果相一致。

3.4.4　顶层氧化物厚度对声压灵敏度的影响

顶部氧化物覆盖在蜂窝状 PMUT 阵列的 Mo 电极表面，主要目的是为了防止 Mo 上电极被氧化，从而避免蜂窝状 PMUT 阵列在实际应用过程中可能出现的电气短路问题。本书通过数值模型计算和有限元模型仿真分析蜂窝状 PMUT 阵列顶层氧化物对声压灵敏度的影响。并加工了两种具有不同顶层氧化物厚度的蜂窝状 PMUT 阵列来对数值模型和有限元模型结果进行实验验证。图 3-13 显示了设计的两种具有 1.8 μm 和 0.3 μm 的顶层氧化物厚度的蜂窝状 PMUT 敏感单元的放大 SEM 横截面图。

图 3-14 显示了分别基于数值模型计算、有限元模型计算和测试的在不同顶层氧化物厚度的条件下蜂窝状 PMUT 阵列的归一化声压灵敏度。从图 3-14 中可以看出，蜂窝状 PMUT 敏感单元的声压灵敏度会随着顶层氧化物厚度的减小而增加。这是由于较厚的顶层氧化物减少了中性面和压电层中间的距离，从而减少了产生的应力，进而降低了在接收模式中蜂窝状 PMUT 敏感单元产生的电荷。另外，测试了 1.8 μm 和 0.3 μm 的两种不同顶层氧化物厚度的蜂窝状 PMUT 阵列的声压灵敏度。在顶层氧化物厚度为 1.8 μm 时，蜂窝状 PMUT 阵列的声压灵敏度为（−167.5±0.5）dB（参考：1 V/μPa），而在顶层氧化物厚度为 0.3 μm 时，蜂窝状 PMUT 阵列的声压灵敏度为（−164.5±0.5）dB（参考：1 V/μPa）。由于顶层氧化物的厚度降低 1.5 μm，蜂窝状 PMUT 阵列的声压灵敏度提高了大约 1.4 倍。因此，通过分析可以发现为了增加蜂窝状 PMUT 阵列的声压灵敏度，可以进一步减小顶层氧化物的厚度。另外，从图 3-14 中也可以看出由数

值模型预测、有限元模型分析和测试的结果几乎一致，也验证了在第 2 章建立的数值模型和有限元模型的可靠性。

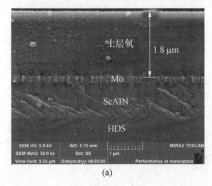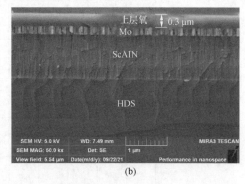

图 3-13　具有两种不同顶层氧化物厚度的蜂窝状 PMUT
敏感单元的放大 SEM 横截面

（a）顶层氧化物厚度 1.8 μm；（b）顶层氧化物厚度 0.3 μm

　　表 3-2 列出了蜂窝状 PMUT 阵列分别采用不同的压电敏感层材料、读取方式和顶层氧化物厚度下的声压灵敏度。通过分析表 3-2 可以得出，蜂窝状 PMUT 阵列采用差分读取方式比单端读取方式的声压灵敏度提高了约 6 dB（大约 2 倍）。另外，采用 9.5%Sc-AlN 作为压电敏感材料相比于 AlN 提高了约 4.5 dB（大约 1.7 倍）。当顶层氧化物厚度为 0.3 μm 时，相比于顶层氧化物厚度为 1.8 μm，蜂窝状 PMUT 阵列的声压灵敏度提高了约 3 dB（大约 1.4 倍）。另外，通过分析发现采用不同设计使蜂窝状 PMUT 阵列声压灵敏度提高的倍数与通过材料参数、理论计算等得出的结论相一致。

表 3-2　不同设计的蜂窝状 PMUT 阵列声压灵敏度对比

压电材料	读取方式	顶层氧化物厚度/μm	声压灵敏度 /dB（参考：1 V/μPa）
AlN	单端	1.8	-178 ± 0.5
AlN	差分	1.8	-172 ± 0.5
9.5%Sc-AlN	差分	1.8	-167.5 ± 0.5
9.5%Sc-AlN	差分	0.3	-164.5 ± 0.5

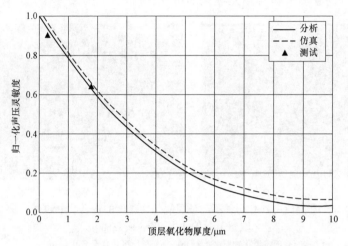

图 3-14   基于 Sc-AlN 的 MEMS 水听器传感器的分析、
模拟和测量归一化灵敏度与顶部氧化物厚度的比较

3.5   蜂窝状 PMUT 阵列封装

　　基于蜂窝状 PMUT 阵列进行水听器、电子听诊器系统应用开发时，为了能够满足水听器、电子听诊器工作在水下、临床的工作环境，需要对蜂窝状 PMUT 阵列进行封装。对蜂窝状 PMUT 阵列进行封装可以实现保护芯片、引出导线、调节声阻抗等目的。因此，为了满足蜂窝状 PMUT 阵列可以应用于水下等特殊环境中，结合超声在多层介质中的传播模型，本书对蜂窝状 PMUT 阵列依次进行了 PCB 封装和密封封装。其中，PCB 封装用以固定和保护蜂窝状 PMUT 阵列，还可以用以引出蜂窝状 PMUT 阵列的上下电极。然后，通过选择合适的封装材料对 PCB 封装后的蜂窝状 PMUT 阵列进行密封封装，从而使基于蜂窝状 PMUT 阵列开发的水听器、电子听诊器可以应用于水下和临床环境中。

3.5.1　PCB 封装

开发的蜂窝状 PMUT 阵列在封装过程中存在尺寸较小（3.2 mm×3.2 mm）、不易固定、容易破裂、焊盘尺寸（80 μm×120 μm）较小和不易引出导线与后端电路进行连接等问题。因此，为了在使用过程中对蜂窝状 PMUT 阵列进行固定，避免芯片破裂，进而引出导线与后端电路进行连

图 3-15　蜂窝状 PMUT 阵列 PCB 封装实物图

接，需要对蜂窝状 PMUT 阵列进行 PCB 封装。图 3-15 显示了蜂窝状 PMUT 阵列进行 PCB 封装后的实物图。从图可以看出，PCB 封装主要是将蜂窝状 PMUT 阵列固定在 PCB 上后，通过引线键合工艺将蜂窝状 PMUT 阵列与 PCB 进行连接。

为了使基于蜂窝状 PMUT 阵列开发的水听器、电子听诊器可以工作在水下、临床环境中，需要对 PCB 封装后的蜂窝状 PMUT 阵列进行防水、透声的密封封装。密封封装的主要目的是为了能够使封装后的蜂窝状 PMUT 阵列可以直接应用于临床等应用中避免与工作介质直接接触，从而避免蜂窝状 PMUT 阵列在使用过程中发生损坏。另外，进行防水、透声封装还可以通过封装材料对蜂窝状 PMUT 阵列和应用环境之间的声阻抗进行调节，从而减少声压在传播过程中的损失。

本书设计将采用声阻抗与水相似的封装胶对 PCB 封装后的蜂窝状 PMUT 阵列进行防水、透声封装。封装胶的选择需要满足无毒、防腐蚀和与应用环境介质声阻抗相近的材料。本书结合透声封装理论模型，围绕蜂窝状 PMUT 阵列封装要求进行封装技术研究。

3.5.2　声压传播理论模型

为了满足封装要求，本书设计的蜂窝状 PMUT 阵列封装层间结构模型，如图 3-16 所示。从图 3-16 中可以看出，蜂窝状 PMUT 阵列应用于水下测试环境中时，来自水下声源辐射的声信号需要经过封装材料后到达蜂窝状 PMUT 阵列表面来实现声信号的接收。封装材料起到隔离工作环境和蜂窝状 PMUT 阵列，保护蜂窝状 PMUT 阵列在使用过程中不被损坏的作用。封装材料还起到调节蜂窝状 PMUT 阵列和应用环境之间的声阻抗的作用，从而减少声压在传播过程中的反射损耗、散射损耗和衰减。

■ 封装材料　　■ PMUT阵列　　■ PCB

图 3-16　蜂窝状 PMUT 阵列封装模型

在蜂窝状 PMUT 工作在接收模式下时，外界声源辐射的声压信号经过封装胶后到达蜂窝状 PMUT 阵列。图 3-17 显示了蜂窝状 PMUT 阵列的透声封装理论模型。透声封装理论模型模拟了超声波从工作介质中经过封装材料到达蜂窝状 PMUT 阵列的传播能量损耗过程。

为了对声波从工作介质到蜂窝状 PMUT 阵列在传播过程中的能量损耗进行推导，假设在透声封装理论模型中声波经过的水介质、封装材料

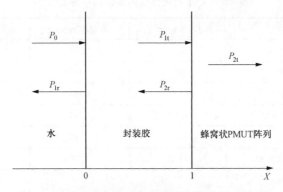

图 3-17 蜂窝状 PMUT 阵列透声封装理论模型

和蜂窝状 PMUT 阵列的声阻抗分别为 Z_1、Z_2 和 Z_3。则声波从水介质经过厚度为 l 的封装胶到蜂窝状 PMUT 阵列的透声系数 T 可以表示为式（3-1）。

$$T = \frac{4Z_1Z_3}{(Z_1 + Z_3)^2 \cos^2(kl) + (Z_2 + Z_1Z_3/Z_2)^2 \sin(kl)} \qquad (3\text{-}1)$$

从式（3-1）中可以得出，当水介质、封装胶和蜂窝状 PMUT 阵列的声阻抗相等时，声波从水介质到蜂窝状 PMUT 阵列的透声系数为 1。即外界声源辐射的声波能量从水介质完全经过封装材料传播到蜂窝状 PMUT 阵列，中间没有发生反射和散射。因此，为了减小声波在传播过程中的能量损失，选择的封装材料的声阻抗需要尽可能地与工作介质和蜂窝状 PMUT 阵列的声阻抗相近。

基于以上分析，本书最终选取了 JA-2S 浇注聚氨酯橡胶作为封装材料对蜂窝状 PMUT 进行封装。表 3-3 显示了人体组织、水和 JA-2S 浇注聚氨酯封装材料的声学特征参数。从表中可以看出选取的 JA-2S 浇注聚氨酯封装材料与人体和水介质的声阻抗非常相近。另外，JA-2S 浇注聚氨酯封装材料具有无毒、无污染的特点。

表 3-3　人体和水介质的声学特征参数[141,142]

介质		密度/（kg/m³）	声速/（m/s）	声阻抗/MRals
人体	血液	1 060	1 566	1.66
	脂肪	920	1 450	1.38
	肌肉	1 070	1 580	1.70
	软组织（平均）	1 058	1 540	1.63
水		1 000	1 480	1.48
JA-2S 浇注聚氨酯		1 030	1 500	1.55

3.5.3　封装工艺流程

　　针对不同的应用环境，需要设计不同的封装工艺流程对蜂窝状 PMUT 阵列进行封装。本节针对蜂窝状 PMUT 阵列应用于电子听诊器样机开发时的封装工艺流程进行介绍。电子听诊器应用于临床环境中，在使用过程中会受到较大的工频噪声干扰。因此，在封装过程中需要设计金属模具对环境中的工频噪声进行隔离。图 3-18 显示了设计的封装工艺流程。具体封装工艺流程如下：

　　① 将蜂窝状 PMUT 阵列进行 PCB 封装，并设计易于装配的用于隔离工频噪声的金属管壳；

　　② 将 PCB 封装后的蜂窝状 PMUT 阵列与设计好的金属管壳进行装配；

　　③ 将合成的 JA-2S 浇注聚氨酯灌入②中装配好的模型中。

合成 JA-2S 浇注聚氨酯的工艺流程如下：

　　① 预聚物在 60～80 ℃的通风烘箱中加热，使预聚物黏度降低，便于操作；

　　② 用干燥容器称取一定质量的预聚物，在搅拌下加热至 80 ℃，真空预热 5～30 min 至气泡基本脱净后维持在 80 ℃待用；

　　③ 用干燥容器称取 1/10 预聚物质量的 moca（莫卡，聚氨酯和黏结

剂的交联剂），加热融化后维持在 120 ℃待用。其中，加入的预聚物和moca 的质量比会影响最终封装材料的声阻抗，进而会影响封装后 PMUT的声压灵敏度；

④ 将预聚物在搅拌下加入熔融 moca，迅速搅拌均匀，然后进行二次脱泡直至气泡脱净，将搅拌均匀的预聚物和熔融moca注入预热至80 ℃的装配好的模型中，在 80 ℃的鼓风箱中硫化 16 h 后完成封装。

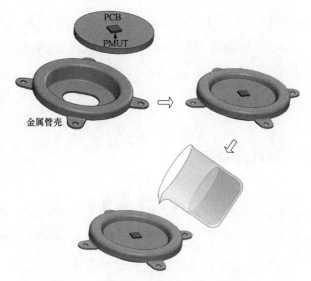

图 3-18　蜂窝状 PMUT 阵列封装流程图

图 3-19 显示了使用 JA-2S 浇注聚氨酯作为封装材料对蜂窝状 PMUT阵列进行封装后实物图。

图 3-19　蜂窝状 PMUT 阵列封装实物图

3.6 蜂窝状 PMUT 阵列性能表征

针对 PMUT 应用的不同领域,存在不同的指标来衡量 PMUT 的性能。例如,当 PMUT 应用于电子听诊器样机开发时,PMUT 的接收灵敏度是衡量电子听诊器样机的主要性能指标。而当 PMUT 应用于收发一体的水下成像时,衡量 PMUT 性能的指标主要有发射电压响应级、指向性、接收灵敏度、带宽等。本部分内容主要对基于 AlN 压电敏感层材料设计的具有差分结构的蜂窝状 PMUT 阵列的收发一体性能、发射电压响应级、接收灵敏度和指向性进行表征。

3.6.1 收发一体性能测试

为了验证设计的蜂窝状 PMUT 阵列的收发一体性能,搭建的测试系统框图如图 3-20 所示。在实验过程中采用同一个蜂窝状 PMUT 阵列既作为发射器来发射超声波也作为接收器来采集超声信号。在对蜂窝状 PMUT 阵列的收发一体性能进行测试时,在水箱中固定好蜂窝状 PMUT 阵列,在蜂窝状 PMUT 阵列的正对面放置一块用于反射超声波的金属块。

在测试过程中利用信号发生器产生峰峰值为 10 V 的正弦激励信号(5-cycles,390 kHz)施加到蜂窝状 PMUT 阵列驱动电极上,来驱动蜂窝状 PMUT 阵列发射超声波。蜂窝状 PMUT 阵列发射的超声波信号经金属块反射后,通过蜂窝状 PMUT 阵列进行接收,接收到的信号通过接收电路放大后用示波器进行采集。最后,对示波器采集到的信号进行存储和分析。

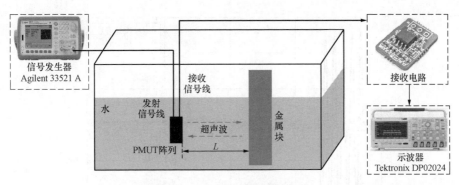

图 3-20 收发一体测试系统图

蜂窝状 PMUT 阵列采用差分模式，设计有内上电极和外上电极，将内上电极作为检测电极，外上电极作为驱动电极。设计的收发器集成的蜂窝状 PMUT 阵列的驱动和检测电路连接结构示意图如图 3-21 所示。当蜂窝状 PMUT 阵列工作在发射模式下时，利用信号发生器产生的正弦波脉冲信号驱动蜂窝状 PMUT 阵列发射超声波。当蜂窝状 PMUT 阵列工作在接收模式下时，蜂窝状 PMUT 阵列检测到回波信号后产生电压信号，然后将检测到的电压信号经接收电路进行放大后用示波器进行显示。图 3-21 中显示的接收电路增益为 40 dB。

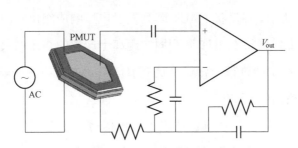

图 3-21 收发器集成电路连接结构示意图

图 3-22 显示了基于收发一体设计的蜂窝状 PMUT 阵列测试得到的发射信号和接收信号。从图 3-22 中可以看出，基于蜂窝状 PMUT 阵列可以采集到很清晰的回波信号，且在相距水箱内的金属块 7 cm 时接收到的回波信号幅值为 220 mV。

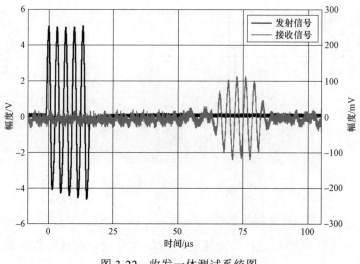

图 3-22　收发一体测试系统图

3.6.2　发射电压响应级测试

　　发射电压响应级是衡量 PMUT 发射能力的最重要的指标。为了对设计的蜂窝状 PMUT 阵列的发射电压响应级进行测试,搭建的测试系统框图如图 3-23 所示。蜂窝状 PMUT 阵列发射电压响应级反映的是在其主波束方向上距离蜂窝状 PMUT 阵列固定距离上产生的声压的大小,一般用 dB 来衡量。在实验过程中将蜂窝状 PMUT 阵列与标准水听器距离为 l 正向固定在水槽两侧。

　　如图 3-23 所示,在测试过程中利用信号发生器产生依次从 $300\sim480\,\text{kHz}$ 变化的正弦激励信号驱动功率放大器后产生大小为 u_f 的激励电压对蜂窝状 PMUT 阵列进行驱动,从而发射超声波。采用标准水听器对蜂窝状 PMUT 阵列发射的超声波信号进行采集,然后利用示波器对标准水听器采集到的大小为 u_s 的接收电压信号进行存储和分析。式(3-2)显示了蜂窝状 PMUT 阵列的发射电压响应级,S_T 的计算公式。

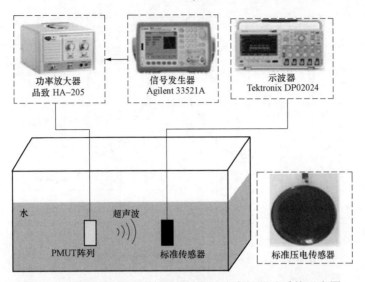

图 3-23　蜂窝状 PMUT 阵列发射电压响应级测试系统示意图

$$S_{\mathrm{T}} = 20\lg\frac{u_{\mathrm{s}}l}{u_{\mathrm{f}}} - M_0 \tag{3-2}$$

其中，M_0 表示的是标准水听器在 300～480 kHz 带宽范围内不同频率下的接收灵敏度。

图 3-24 显示了测试的蜂窝状 PMUT 阵列在 300～480 kHz 带宽范围内不同频率下的发射电压响应级。从图 3-24 中可以看出，蜂窝状 PMUT 阵列在水下 390 kHz 发射电压响应级达到最大，最大发射电压响应级为 172 dB（参考：1 μPa·m/V），这与理论计算和有限元仿真结果结果一致。

对 PMUT 的驱动非线性进行测试可以衡量设计的蜂窝状 PMUT 阵列驱动电压与其输出声压的关系。图 3-23 显示了对蜂窝状 PMUT 阵列的驱动非线性进行表征时的测试框图。通过对蜂窝状 PMUT 阵列施加驱动电压从 1～150 V，测试与蜂窝状 PMUT 阵列相距为 10 cm 处的位置声压大小来计算蜂窝状 PMUT 阵列的非线性。图 3-25 显示了蜂窝状 PMUT 阵列的驱动非线性。从图 3-25 的非线性测试结果中可以看出，蜂窝状 PMUT 阵列从 1～150 V 进行变化时，输出声压的最大非线性约为 0.21%。

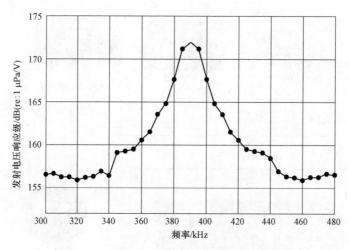

图 3-24　蜂窝状 PMUT 阵列发射电压响应级

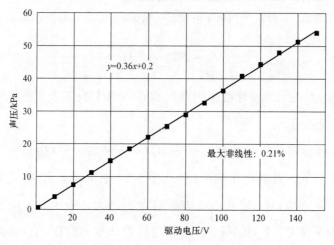

图 3-25　蜂窝状 PMUT 阵列驱动非线性测试

3.6.3　接收灵敏度测试

接收灵敏度是衡量蜂窝状 PMUT 阵列接收能力的一个重要的指标。在测试蜂窝状 PMUT 阵列的接收灵敏度时，分两步进行测试。图 3-26 和图 3-27 分别显示了分两步对蜂窝状 PMUT 阵列接收灵敏度的测试框图。在实验过程中，先将发射用的标准传感器和接收用的标准传感器间距为 l

正对固定在水箱的两侧。图 3-26 显示了收发均为标准传感器的测试系统框图。在测试过程中，利用信号发生器产生依次从 300～480 kHz 变化的正弦激励信号驱动功率放大器后产生激励电压后对标准传感器进行驱动来发射超声波。利用示波器采集标准传感器在不同频率下的电压信号 u_0。

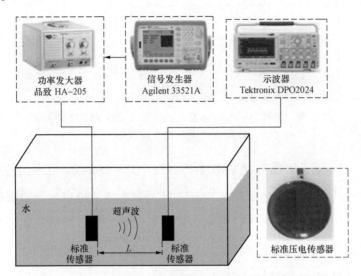

图 3-26　收发均为标准换能器测试系统示意图

随后，发射用的标准传感器位置保持不动，将接收用的标准传感器取出，在原接收用的标准传感器的位置换为蜂窝状 PMUT 阵列。图 3-27 显示了发射用标准传感器和接收用蜂窝状 PMUT 阵列进行测试的系统框图。在测试过程中，利用信号发生器产生依次从 300～480 kHz 变化的正弦激励信号驱动功率放大器后的激励电压对标准传感器进行驱动，从而发射超声波。利用示波器采集蜂窝状 PMUT 阵列在不同频率下产生的电压信号 u_x。式（3-3）显示了蜂窝状 PMUT 阵列的接收灵敏度，S_R 的计算公式。

$$S_R = 20\lg\frac{u_x}{u_0} + M_0 \qquad (3\text{-}3)$$

其中，M_0 为接收用标准传感器在不同频率下的声压灵敏度。

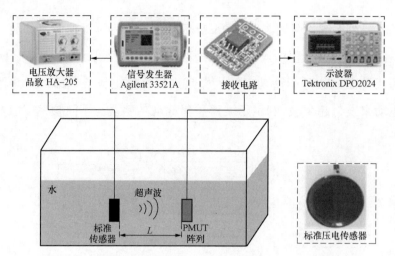

图 3-27　发射为标准传感器、接收为蜂窝状 PMUT 阵列的
接收灵敏度测试系统框图

图 3-28 显示了蜂窝状 PMUT 阵列在 300~480 kHz 范围内的接收灵敏度。测试结果表明，蜂窝状 PMUT 阵列在水下 390 kHz 接收灵敏度达到最大，这与理论计算和有限元仿真结果结果一致。另外，从图中可以看出测试得到的蜂窝状 PMUT 阵列在 390 kHz 时，接收灵敏度为 −150 dB（参考：1 V/μPa）。

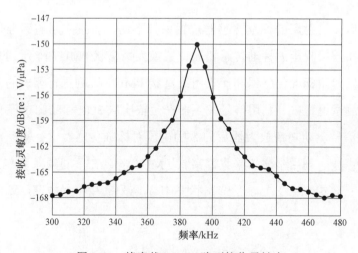

图 3-28　蜂窝状 PMUT 阵列接收灵敏度

3.6.4　指向性测试

指向性可以反映换能器在某一方向上能量的集中程度，能量越集中换能器的发射灵敏度和接收灵敏度越高。因此，对于换能器工作在发射模式下时，换能器的指向性好，能量集中从而使换能器具有更大的发射能力。当换能器工作在接收模式下时，换能器的指向性越好会使换能器的信噪比更高。

图 3-29 显示了蜂窝状 PMUT 阵列的指向性测试系统示意图。在实验过程中，蜂窝状 PMUT 阵列作为发射端固定在精密转盘的下方置于水箱的一侧。其中，蜂窝状 PMUT 阵列可以随着精密转盘从 $-90°\sim90°$ 进行旋转。在实验中通过精密转盘旋转蜂窝状 PMUT 阵列每 3° 采集一组数据。标准传感器作为接收端固定于与蜂窝状 PMUT 阵列等高且相距为 1 m 的水箱的另一侧。使用信号发生器产生正弦激励信号（5-cycles，390 kHz）经功率放大器放大后驱动蜂窝状 PMUT 阵列发射超声波，标准传感器与示波器连接，对蜂窝状 PMUT 阵列产生的超声波进行接收。

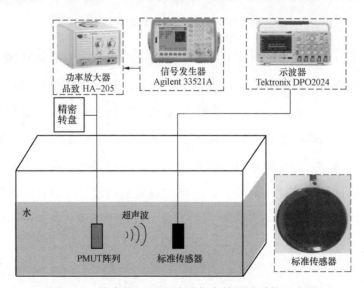

图 3-29　蜂窝状 PMUT 阵列指向性测试系统示意图

图 3-30 显示了蜂窝状 PMUT 阵列从 – 90° ～ 90° 的扫描范围内的归一化声压响应。从图 3-30 中的实验结果中可以看出，蜂窝状 PMUT 阵列在 – 90° ～ 90° 扫描范围内的 – 3 dB 主波束宽度约为 6°，没有栅瓣并伴随着较低的旁瓣干扰。实验结果显示，所设计的蜂窝状 PMUT 阵列指向性测试结果与仿真结果一致，达到了预期对蜂窝状 PMUT 阵列指向性的设计要求。

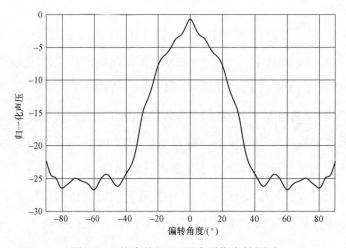

图 3-30　蜂窝状 PMUT 阵列指向性测试

综上分析可以看出，本书所设计的蜂窝状 PMUT 阵列具有接收灵敏度高，指向性好等优势，可以满足基于蜂窝状 PMUT 阵列的收发一体的应用需求。表 3-4 显示了开发的蜂窝状 PMUT 阵列的收发性能和先进的商用换能器之间的性能比较。从表中可以看出设计的蜂窝状 PMUT 阵列在接收灵敏度、发射电压响应级和指向性方面都具有不低于市售的先进的商业换能器的性能。此外，由于集成收发器的设计，设计的收发集成的蜂窝状 PMUT 阵列体现出更小的尺寸，这对于便携式超声设备显示出巨大的商业价值。

表 3-4 开发的蜂窝状 PMUT 阵列与商用换能器的性能对比

换能器	技术	接收灵敏度/dB（参考：1 V/μPa）	发射电压响应级/dB（参考：1 μPa·m/V）	−3 dB 带宽
Benthowave BII − 7506[143]	压电陶瓷	− 182.6 dB at 60 kHz	166 dB at 60 kHz	9.6°
Sensor SX30[144]	压电陶瓷	− 188 dB at 33 kHz	133 dB at 30 kHz	N.A.
Neptune T216[145]	压电陶瓷	− 197 dB at 60 kHz	140 dB at 60 kHz	N.A.
PMUT 阵列	MEMS	− 150 dB at 390 kHz	172 dB at 390 kHz	6°

3.7 本章小结

在第 2 章对蜂窝状 PMUT 敏感单元的分析、工艺实现的基础上。本章首先对开发的蜂窝状 PMUT 进行形貌、材料性能参数、敏感单元发射灵敏度、谐振频率、电极尺寸、静态电容等进行了表征。另外，在不增加工艺复杂度的前提下，本书通过 Sc 掺杂、差分读出和对 PMUT 敏感单元器件进行结构优化提高了 PMUT 的灵敏度。然后，针对蜂窝状 PMUT 阵列应用于开发电子听诊器样机和水听器系统时，蜂窝状 PMUT 阵列工作在水下和临床环境中需要的封装条件，结合超声在多层介质中的传播模型对蜂窝状 PMUT 阵列的封装进行了研究。最终，选取声阻抗与人体组织和水相近、无毒且耐腐蚀的 JA-2S 浇注聚氨酯作为封装材料，完成了对蜂窝状 PMUT 阵列的封装。

随后，对蜂窝状 PMUT 阵列性能进行了表征。首先，通过搭建实验室测试系统，对蜂窝状 PMUT 阵列进行了收发一体性能测试、发射电压响应级测试、接收灵敏度测试和指向性测试。测试结果表明设计的蜂窝状 PMUT 阵列具有较好的收发特性。其中，蜂窝状 PMUT 阵列的发射电压响应级为 172 dB（参考：1 μPa·m/V），接收声压灵敏度为 −150 dB（参考：1 V/μPa）。设计的蜂窝状 PMUT 在 −90°～90° 扫描范围内的 −3 dB 主波束宽度约为 6°，没有栅瓣并伴随着较低的旁瓣干扰。测试结果表明，设计的蜂窝状 PMUT 阵列在接收灵敏度、发射电压响应级和指向性方面具有不低于市售的先进的商业换能器的性能。此外，由于集成收发器的设计，设计的收发集成的蜂窝状 PMUT 阵列体现出更小的尺寸，这对于便携式超声设备显示出巨大的商业价值。本章的测试结果为第 4 章蜂窝状 PMUT 阵列的应用研究提供了基础。本章主要内容发表在了《IEEE Electron Device Letters》和《IEEE Transactions on Electron Devices》上。

第 4 章　蜂窝状 PMUT 应用研究

在第 2 章对蜂窝状 PMUT 结构设计、特性分析和第 3 章对蜂窝状 PMUT 性能表征的基础上，本章主要将蜂窝状 PMUT 阵列应用于电子听诊器样机和水听器系统开发进行研究。其中，开发的基于蜂窝状 PMUT 阵列的电子听诊器样机具有大声压灵敏度、高噪声分辨率和大带宽的特点，可以用于进行连续机械声心肺信号监测。同时为了验证开发的电子听诊器样机的临床性能，将开发的基于蜂窝状 PMUT 阵列的电子听诊器样机在临床上对来自健康受试者和有既往心肺疾病的患者的机械声学信号进行监测。临床测试结果表明，开发的电子听诊器样机用于临床机械声学心肺信号的连续监测是可行的，且可用于心肺功能障碍的识别、早期检测和实时监测。另外，由于 PMUT 具有低成本和可扩展的优势，因此设计的基于蜂窝状 PMUT 阵列的电子听诊器在可穿戴健康护理应用中显示出良好的潜在用途。为了实现智能化诊断，本章基于 MATLAB GUI 针对设计的电子听诊器样机开发了一套智能诊断上位机系统，可以实现对常规心肺疾病进行智能诊断。

为了满足在高精尖领域声学检测的应用需求，本章基于蜂窝状 PMUT 阵列开发了一套高性能水听器系统。为了对开发的水听器系统进行性能表征，本章对基于蜂窝状 PMUT 阵列开发的水听器系统依次进行了声压灵敏度分析、噪声分析、等效噪声密度分析、温度稳定性分析和长期稳定性分析。然后将开发的水听器与市售的先进商用水听器性能进行对比，对比结果表明设计的基于蜂窝状 PMUT 阵列的水听器在声压灵敏度和等效噪声密度等方面都有很大的优势。另外，基于 MEMS 工艺设计的蜂窝状 PMUT 阵列的水听器还表现出了更小的体积和更低的成本。

4.1　基于蜂窝状 PMUT 阵列的电子听诊器

当今全球主要的残疾和死亡原因都与心血管和肺部疾病有关[146-149]。大量的临床数据表明，早发现与心血管和肺部疾病相关的症状，并及时进行治疗是降低心血管和肺部疾病导致死亡的有效方法[150-154]。然而，目前对早期心血管和肺部疾病的诊断存在严重不足，对大多数人群进行全面筛查仍然是医学界的主要难题[155,156]。

听诊器诊断具有便捷、无创的特点，是临床中对心血管和肺部疾病进行初期诊断最常用的工具之一[157,158]。心音是一种机械声学心肺信号，携带着大量与心脏和血管相关的生理信息。该声信号的频率范围为 20～1 000 Hz[159,160]，是由心脏瓣膜的操作以及血液泵送机制产生的。因此，心音可以揭示我们心脏和血管的正常和病态状态。另一方面，肺音也是揭示呼吸系统健康状况的重要生理信号。使用听诊器听诊是一种简单、方便、传统的诊断各种心肺疾病的方法。目前在心肺音临床听诊中，医生大多数是采用机械声学听诊器通过人耳听取心肺音进行诊断[161-163]。常用的典型机械听诊器如图 4-1 所示[163]。

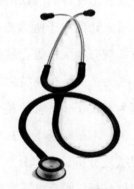

然而，机械听诊器存在很多不足[164-166]：① 采用机械听诊器进行心肺疾病诊断时主要依靠医生的临床经验，存在主观依赖性较强的缺点；② 正常人耳对频率在 100～20 000 Hz 频带范围内的声音较为敏感，对频率 100 Hz 以下的声音敏感性较差。心音信号的主要能量集

图 4-1　典型机械听诊器[163]

中在 20～100 Hz，因此受人耳先天听觉限制，机械听诊器不能分辨出对听诊具有重要作用的低频率心音信号。

随着电子技术的发展，电子听诊器应运而生[124-128]。电子听诊器采用声学传感器采集和放大人体的机械声学信号的声音，并通过滤波电路或者算法降低干扰噪声，使得心音信号更加清晰明辨。此外，电子听诊器还可以用计算机辅助，分析所记录的心肺音病理信号，实现智能化和远程化诊断。尤其是在新型肺炎等传染性疾病的诊治中，电子听诊器能够进行远程医疗诊断，隔离阻断传染。

现有报道的电子听诊器中的声学传感器多是基于锆钛酸铅（PZT）或压电陶瓷材料采用传统机械加工制作而成。压电陶瓷在采集机械声信号方面表现出良好的性能，并已通过 3M Littmann 听诊器进行商业验证，$3M^{TM}$ Littmann®3200 型电子听诊器如图 4-2 所示[184]。但是，该技术存在尺寸大和一致性差等缺陷。此外 PZT 含铅，不符合电子产品无铅化的发展趋势[167-169]。

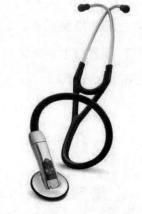

图 4-2　$3M^{TM}$ Littmann®3200 型电子听诊器[184]

随着 MEMS 技术的发展[170-174]，实现精度好、灵敏度和信噪比高的声学传感器变得切实可行。为了获得高性能的电子听诊器，已经有很多基于 MEMS 技术设计的各种智能传感器的电子听诊器进行了报道，如麦克风、仿生水听器和加速度计已被用作电子听诊器中的声学传感元件。

针对目前电子听诊器高声压灵敏度、大带宽的设计要求，本章基于蜂窝状 PMUT 阵列设计了一种电子听诊器。由于设计的 PMUT 阵列是按照蜂窝状结构进行排列的，具有高的填充因子（81%）和出色的声压灵敏度。另外，AlN 具有低的相对介电常数，使基于 AlN 敏感材料的 PMUT 阵列可以实现更高的声压灵敏度。开发的基于蜂窝状 PMUT 阵列的电子听诊器可应用于远程监测系统，从而实现远程持续心肺信号监测，这样可以很大程度上减少患者与医生之间的接触频率。此外，基于蜂窝状 PMUT 阵列的电子听诊器具有低成本、可扩展、尺寸紧凑且易于封装的显著特点。

4.1.1　电子听诊器远程监测系统概述

本书提出了一种基于蜂窝状 PMUT 阵列的电子听诊器。设计的电子听诊器可用于持续监测机械心肺信号，并可以很大程度地减少患者与医生之间的接触频率，减少一些疾病的传播。设计的应用于蜂窝状 PMUT 阵列的电子听诊器用于持续监测心肺信号的远程监测系统概述图如图 4-3 所示。

图 4-3　用于持续监测心肺信号的远程监测系统概述图

该心肺信号的远程监测系统是采用基于蜂窝状 PMUT 阵列的智能电子听诊器作为传感器节点，将采集到的数据通过蓝牙传输到移动终端。该系统采用蜂窝状 PMUT 阵列对人体机械声学信号进行检测，然后将蜂窝状 PMUT 阵列采集到的声学信号通过物联网传输到开发的手机 App。手机 App 可以通过互联网将蜂窝状 PMUT 阵列采集到的机械声学心肺信号上传到云平台，在上位机系统中进行显示。医生可以直接通过手机 App 进行诊断，也可以通过上位机系统显示的机械声学心肺信号进行诊断。

图 4-4 显示了利用蜂窝状 PMUT 阵列监测心率、心音、呼吸频率和肺音的心肺听诊概念图。在心肺监测过程中，将蜂窝状 PMUT 阵列放置在人体胸壁上时，人体心脏或肺部产生的机械声学心肺信号会使蜂窝状 PMUT 敏感单元振动薄膜发生形变，从而会在蜂窝状 PMUT 敏感单元上下电极表面聚集正负相反的电荷，通过对敏感单元正负电极表面聚集的电荷量的变化来实现对机械声学心肺信号的监测[18,19]。报道的基于蜂窝状 PMUT 阵列的电子听诊器具有尺寸紧凑且易于封装的显著特点，在可穿戴医疗保健应用中具有良好的潜在用途。

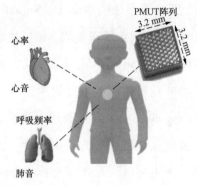

图 4-4　同时监测心率、心音、呼吸频率和肺音的心肺听诊概念图

4.1.2　电子听诊器系统

开发的基于蜂窝状 PMUT 阵列的电子听诊器系统主要由传感单元、控制单元、电源管理模块、移动终端和云平台组成，可以实现对人体机械声学心肺信号的实时数据采集、传输、显示和智能诊断。图 4-5 显示了设计的基于蜂窝状 PMUT 阵列的电子听诊器系统概念框图。

基于蜂窝状 PMUT 阵列的传感单元可以用于检测人体机械声学心肺信号，是电子听诊器系统中最重要的组成部分之一。传感单元是由蜂窝

蜂窝状压电式微机械超声波换能器设计及其应用研究

状 PMUT 阵列和其预放大电路一起集成后使用 JA-2S 浇注聚氨酯进行封装形成的。基于蜂窝状 PMUT 阵列的传感单元封装过程在 3.5 节中进行了系统的说明。控制单元、电源管理模块、移动终端和云平台也是电子听诊器系统的重要组成部分。控制单元主要由微控制器单元（MCU）、模数（A/D）转化单元和数模（D/A）转化单元组成。在对人体机械心肺音信号进行采集时，将基于蜂窝状 PMUT 阵列的传感单元放置在人体心尖位置，传感单元采集实时心肺信号并将其传输到控制单元。其中，MCU 可以实现对传感单元采集到的人体机械声学心肺信号数据进行采集和处理。例如，在 MCU 中可以通过编写算法对传感单元采集到的人体机械声学心肺信号数据进行数字放大后进行滤波来降低电子听诊器系统的噪声，从而提高整个电子听诊器系统的信噪比（Signal-Noise Ratio，SNR）。另外，控制单元还可以通过控制蓝牙模块将 MCU 处理后的心肺信号传输到移动终端 App。移动终端 App 可以通过蓝牙实时接收人体机械声学心肺信号数据和显示信号曲线，并可以进行简单的数据处理和心肺疾病诊断。另外，移动终端 App 也可以将采集到的人体机械声学心肺信号数据上传到云平台，云平台可以作进一步的数据整合、分析、处理和集中储存。授权的病理学家或医生可以通过任何外围设备上的特定软件访问来自云平台的数据和结果，实现远程诊断或教学等。

设计的电源管理模块采用干电池为电子听诊器样机进行供电。另外，整个电子听诊器系统还设计有耳机接口，也可以直接通过外接耳机来实现对电子听诊器样机采集到的人体机械声学心肺信号进行听诊。

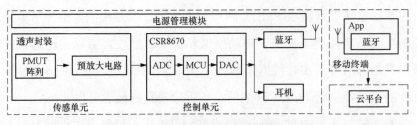

图 4-5 设计的电子听诊器系统概念框图

112

开发的基于蜂窝状 PMUT 阵列的电子听诊器各部分模块实物图和电子听诊器样机光学图像分别如图 4-6 和图 4-7 所示。图 4-6 中显示的电子听诊器系统各部分模块图对应于图 4-5 中的电子听诊器系统概念框图。图 4-7 中开发的电子听诊器样机由敏感单元、控制单元和电源管理模块组合构成。

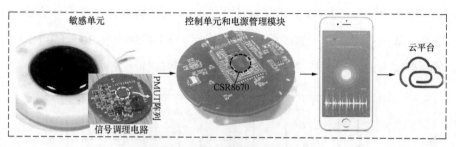

图 4-6　电子听诊器各部分模块图

图 4-7　开发的基于蜂窝状 PMUT 阵列的电子听诊器样机

4.1.3　电子听诊器心音测试

心音是一种机械声学信号，携带着大量与心脏和心血管疾病相关的生理信息。因此，通过对心音信号进行检测，可以揭示心脏和心血管的正常或病态状态，从而可以实现提前预防急性心肌病、进行性冠状动脉等心脏疾病的目的[175,176]。

心肌收缩强度和房室瓣功能障碍可以通过电子听诊器监测到的心音

信号由心脏的二尖瓣、三尖瓣关闭振动而产生的 S1 和主动脉瓣、肺动脉瓣关闭振动而产生的 S2 的声学特性来显示[177]。$T12$ 和 $T21$ 分别代表心脏瓣膜收缩压时间和舒张压时间。图 4-8 显示了基于蜂窝状 PMUT 阵列开发的电子听诊器样机测试得到的健康受试者的心音时域信号。从图 4-8 中健康受试者的心音时域信号中可以清晰的判断出健康受试者的 S1 和 S2 的声学特性。图 4-9 显示了对应于图 4-8 测试的心音时域信号的频域信号，从图中可以看出健康受试者的心音信号主要集中在 20～150 Hz 的频率范围内，这与典型健康受试者的心音数据保持一致。

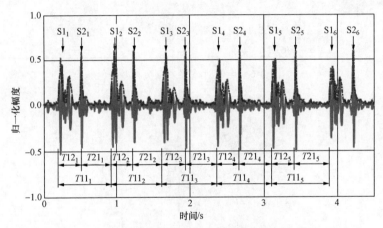

图 4-8　基于蜂窝状 PMUT 阵列的电子听诊器
监测健康受试者的时域心音信号

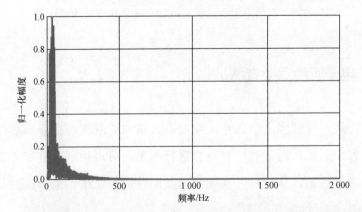

图 4-9　基于蜂窝状 PMUT 阵列的电子听诊器监测健康受试者的频域心音信号

由于大多数健康成年人的心音信号 S3 和 S4 都很弱，并且不单独包含有用的信息，因此本书只对采集到的心音信号的 S_1 和 S_2 进行分析。S_1 和 S_2 的声学特性可以反映心肌收缩的强度和房室瓣功能。通过对图 4-8 中得到的健康受试者 6 s 的心音数据进行包络提取和数据分析，可以得到受试者的心率、心脏瓣膜收缩压时间和舒张压时间等特征参数。其中，S_{1n} 和 S_{1n+1} 之间的时间间隔定义为 S_{11n}，瞬时心率可以通过 $60/S_{11n}$（次/分钟）获得。表 4-1 列出了测得的心音声学参数，例如时间间隔、心率及其平均值等。其中，测试得到的平均心率为 75.52 次/分钟。设计的基于蜂窝状 PMUT 阵列的电子听诊器样机测试得到的 $T21$ 与 $T12$ 之比接近 1:2，与实际情况相符。

表 4-1　测量的心音声学参数

参数	$T11_1$	$T11_2$	$T11_3$	$T11_4$	$T11_5$	平均值	标准差
时间/s	0.81	0.78	0.78	0.81	0.78	0.79	0.01
心率/（次/min）	74.07	76.92	76.92	74.07	76.92	75.52	1.40
参数	$T12_1$	$T12_2$	$T12_3$	$T12_4$	$T12_5$	平均值	标准差
时间/s	0.27	0.25	0.26	0.28	0.26	0.26	0.01
参数	$T21_1$	$T21_2$	$T21_3$	$T21_4$	$T21_5$	平均值	标准差
时间/s	0.54	0.53	0.52	0.53	0.52	0.53	0.01

另外，将设计的基于蜂窝状 PMUT 阵列的电子听诊器样机与商用电子听诊器 3M™ Littmann @3200 同时采集同一个健康受试者的心音信号来进行对比，作为判断设计的电子听诊器合理性的初步标准。分别用商用电子听诊器 3M™ Littmann @3200 和基于蜂窝状 PMUT 阵列的电子听诊器样机同时采集同一健康受试者得到的心音时域信号，如图 4-10 所示。从图 4-10 中可以看出，使用基于蜂窝状 PMUT 阵列的电子听诊器样机测试得到的心音时域信号数据与使用 3M™ Littmann @3200 商用电子听诊器获得的数据中特征参数基本一致。在图 4-10 中存在的心音波形的微小偏差可能是由于听诊器中使用的滤波算法不同造成的。通过多次与商用

电子听诊器 3M™ Littmann @3200 进行对比测试可以发现，开发的基于蜂窝状 PMUT 阵列的电子听诊器样机与市售商用 3M™ Littmann @3200 听诊器具有一致的特征参数。测试结果表明了开发的电子听诊器样机在用于心音听诊时具有可靠性。

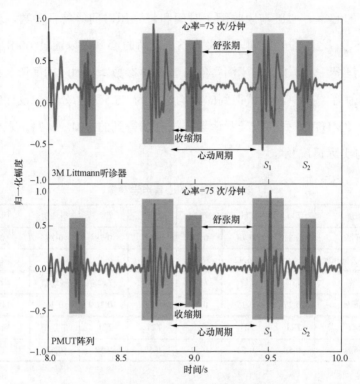

图 4-10　基于 3M™ Littmann@3200 和基于蜂窝状 PMUT 阵列的
电子听诊器监测的心音信号

4.1.4　电子听诊器临床心音测试

　　由于临床环境的复杂性、多变性，因此将设计的基于蜂窝状 PMUT 阵列的电子听诊器样机用于临床测试对于验证开发的电子听诊器样机的可靠性具有重要的意义。因此，为了验证开发的基于蜂窝状 PMUT 阵列的电子听诊器样机的临床性能。在临床上随机选择多名有心脏或心血管疾病的患者进行听诊测试。然后，通过将采集到的多名有心脏或心血管疾病的患者的心音信号进行诊断，将诊断结果与医生的临床结果进行对比来作为判断开发的电子听诊器样机是否可以应用于临床测试。基于开发的电子听诊器样机测试得到两名心脏病患者的异常心音信号波形，如图 4-11 和图 4-12 所示。

从图 4-11 中可以看出，测试得到的患有心脏疾病的具有明显的 S1 和 S2，通过计算患者的心率为 139（次/分钟）。因此，从图中可以清楚地判断出测试的患者具有心率过速的心脏疾病，这与医生的临床结论相一致。

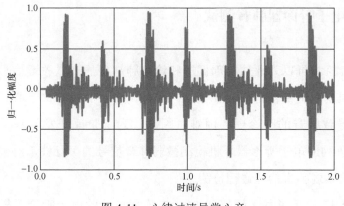

图 4-11　心律过速异常心音

图 4-12 显示了随机测试的另一位有心脏疾病的患者的心音信号波形。从图 4-12 中可以看出测试得到的心脏病患者的心音信号存在 S1 缺失的问题。因此，通过对心音信号分析可以发现测试的患者具有心房间隔缺损的疾病，得出的结论与医生在临床中的结论相一致。

通过将开发的基于蜂窝状 PMUT 阵列的电子听诊器样机在临床上进行多次测试和医生的临床结论进行对比，可以得出开发的基于蜂窝状 PMUT 阵列的电子听诊器样机可以应用于临床测试。因此，测试结果表明开发的电子听诊器样机可以在临床上通过判断异常心音的特征参数来对心脏疾病进行检测。

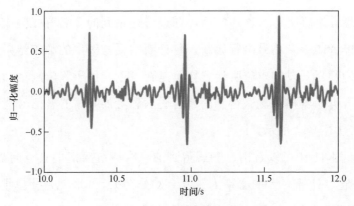

图 4-12 心房间隔缺损异常心音

4.1.5 电子听诊器肺音测试

肺音监测可以为评估肺部健康和诊断肺部疾病提供关键信息，如消除气道阻塞或肺部器官中存在液体。另外，由于肺音相比于心音要微弱很多，导致肺音的听诊更为困难。因此，为了验证开发的基于蜂窝状 PMUT 阵列的电子听诊器样机检测微弱肺音信号的可行性，对健康受试者发出的微弱肺音信号进行检测。

图 4-13 显示了基于蜂窝状 PMUT 阵列设计的电子听诊器样机测试健康受试者的肺音时域信号。从图中可以看出，开发的基于蜂窝状 PMUT 阵列的电子听诊器样机可以清晰地识别受检者的肺音、吸气的持续时间、呼气的持续时间和呼吸频率。另外，通过对呼气时间和吸气时间进行分析可以发现，基于蜂窝状 PMUT 阵列开发的电子听诊器样机测试的健康受试者的吸气时间和呼气时间的比值大约为 1:2。另外，从图中可以看出基于蜂窝状 PMUT 阵列设计的电子听诊器样机测试的健康受试者呼吸频率为 16 次/分钟，这与典型健康受试者的呼吸频率是一致的。

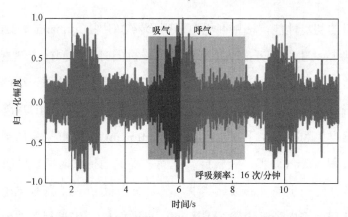

图 4-13　基于蜂窝状 PMUT 阵列的电子听诊器
监测健康受试者的时域肺音信号

图 4-14 显示了对应于图 4-13 显示的基于蜂窝状 PMUT 阵列的电子听诊器样机测试健康受试者的肺音在频域范围内的显示。从图中可以看出，记录的肺音的频率范围主要集中在 50 Hz 到 800 Hz 之间，这与典型数据是一致的。

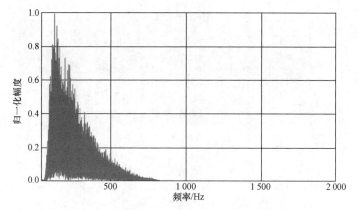

图 4-14　基于蜂窝状 PMUT 阵列的电子听诊器样机
测试健康受试者的肺音频域信号

另外，将设计的基于蜂窝状 PMUT 阵列的电子听诊器样机与商用电子听诊器 3M™ Littmann @3200 同时采集同一个健康受试者的肺音信号来进行对比，作为判断开发的基于蜂窝状 PMUT 阵列的电子听诊器样机测试肺音可靠性的依据。因此，为了验证基于蜂窝状 PMUT 阵列电子听诊器样机的初步性能，使用商用电子听诊器 3M™ Littmann @3200 和基于蜂窝状 PMUT 阵列开发的电子听诊器样机同时采集同一个健康受试者的肺音信号。图 4-15 显示了基于两种电子听诊器采集的同一个健康受试者的肺音时域信号。从图 4-15 中可以看出，基于蜂窝状 PMUT 阵列的电子听诊器样机和商用电子听诊器 3M™ Littmann @3200 采集的肺音信号在吸气过程、呼气过程、吸气持续时间、呼气的持续时间、呼吸频率等特征参数在时域上高度一致。其中，基于蜂窝状 PMUT 阵列电子听诊器样机和使用商用电子听诊器 3M™ Littmann @3200 测试得到的健康受试者的呼吸频率均为每分钟 16 次，符合在医学上认为的健康人每分钟呼吸频率的范围内。测试结果表明，开发的电子听诊器样机具有和商用电子听诊器相当的性能，初步判断基于蜂窝状 PMUT 阵列的电子听诊器样机测试肺音信号具有可靠性。

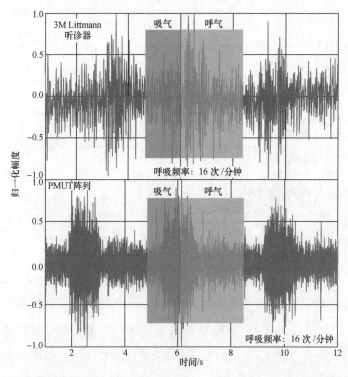

图 4-15　使用开发的电子听诊器样机和 3M™ Littmann @3200 听诊器进行肺音测试

4.1.6　电子听诊器临床肺音测试

预测慢性肺部疾病的早期发作可以通过监测人体的胸壁运动（如呼吸频率和呼吸模式）来实现。另外，由于临床环境较为嘈杂且肺音较弱，因此将设计的基于蜂窝状 PMUT 阵列的电子听诊器样机用于临床测试肺音对于判断开发的电子听诊器样机能否应用于临床诊断具有重要的意义。

因此，为了验证开发的基于蜂窝状 PMUT 阵列的电子听诊器样机在临床上进行肺音监测的能力。在临床上随机选择多名有肺部疾病的患者进行肺音听诊测试。然后，通过将采集到的多名有肺部疾病的患者的肺音信号进行判断，然后与医生的临床结果进行对比。图 4-16 显示了基于蜂窝状 PMUT 阵列的电子听诊器样机临床测试的肺音信号是在受试者休息期间以浅呼吸模式进行的。从图中可以看出受试者的呼吸频率为每分钟 36 次。测试结果表明受试者存在呼吸急促的问题，这与医生的临床结论相一致。根据临床测试结果可以得出开发的基于蜂窝状 PMUT 阵列的电子听诊器样机可用于肺部健康监测的临床应用。

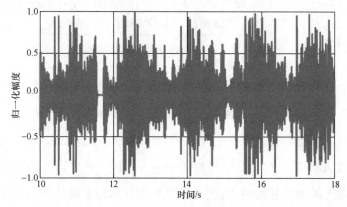

图 4-16　基于蜂窝状 PMUT 阵列的电子听诊器样机临床肺音测试

4.1.7　上位机智能诊断系统开发

　　为了使基于蜂窝状 PMUT 阵列开发的电子听诊器样机可以实现智能化诊断，本书基于 MATLAB GUI 工具开发了一套针对开发的基于蜂窝状 PMUT 阵列的电子听诊器样机的心肺音智能诊断上位机系统。编写的心肺音智能诊断上位机系统可以实现对常规心肺疾病信号的波形显示、特征参数提取和提出合理的诊断建议。因此，开发的心肺音智能诊断系统有助于实现心肺信号数据分析、远程教学和基础诊断的作用。基于 MATLAB GUI 界面开发的智能诊断上位机系统包括心肺音智能诊断系统界面设计和内嵌的程序设计。编写的心肺音智能诊断上位机系统架构图，如图 4-17 所示。

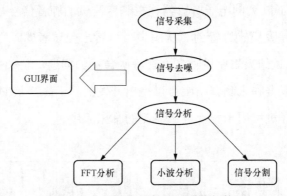

图 4-17　心肺音智能诊断系统架构

　　整个心肺音智能诊断系统主要包括对开发的电子听诊器样机采集到的心肺音信号进行导入，对导入的信号进行去噪和对去噪后的信号进行分析。为了便于操作，开发的心肺音智能诊断系统中的每部分功能都可以通过 GUI 界面上对应的操作按钮来进行实现。其中，心肺音智能诊断系统架构流程主要是通过点击 MATLAB GUI 界面上对应的操作按钮将电子听诊器样机采集到的心肺音信号数据导入上位机系统。然后，通过设计合适的滤波器对采集到的心肺音信号进行滤波。将滤波后的心肺音信号依次进行包络提取、信号分割、特征参数提取等操作后与正常的心肺音信号进行对比，从而实现对采集到的心肺信号进行判断，并给出合理的诊断建议。

为了对用户的隐私进行保护，本书为开发的心肺音智能诊断系统设计了登录界面。图 4-18 显示了设计的心肺音智能诊断系统登录流程图。在对心肺音智能诊断系统进行登录过程中，需要输入正确的用户名和密码，才可以进入心肺音智能诊断上位机系统。其中，心肺音智能诊断系统包括心音智能诊断系统和肺音智能诊断系统。在进行系统登录时，首先需要输入正确的账户和密码，然后选择心音智能诊断系统或者肺音智能诊断系统进行登录。

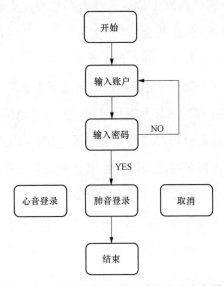

图 4-18 心肺音智能诊断系统登录流程图

根据图 4-18 设计的心肺音智能诊断系统登录流程，编写的心肺音智能诊断系统登录界面图，如图 4-19 所示。在对心肺音智能诊断系统登录时，会出现用户名和密码登录窗口，输入正确的用户名和密码后，可以点击心音系统、肺音系统进行登录或者取消登录。当选择心音智能诊断系统或者肺音智能诊断系统登录成功时，在界面上会弹出"欢迎使用本系统！"的弹窗，然后点击确定即可进入心音诊断系统或者肺音诊断系统。

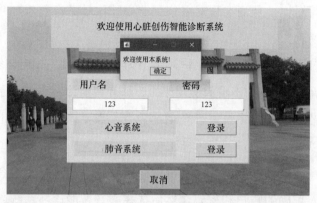

图 4-19　心肺音智能诊断系统登录界面

　　开发的心肺音智能诊断上位机系统由心音智能诊断系统和肺音智能诊断系统两部分组成。在本书中主要针对开发的心音智能诊断上位机系统进行介绍。开发的心音智能诊断上位机系统主要包括显示区、操作区和诊断区三个部分。其中，在显示区可以同时对电子听诊器样机采集到的机械声学信号的时域部分和频域部分进行显示。操作区包括数据导入窗口、采样频率输入窗口、数据分析窗口和操作按钮。为了对采集到的心音信号进行分析，在操作区设置多种滤波器和数据分析中间过程显示部分，其中包括电子听诊器原始信号的显示、滤波后的数据显示等。诊断区主要包括对导入的信号分析后的结果显示，包括 S1、S2、S11、S12 和心率等心音信号的关键参数，并通过内嵌算法可以在结论中给出诊断建议。另外，开发的心音智能诊断上位机系统界面还包括患者的姓名、性别和年龄输入窗口。开发的心音智能诊断上位机系统界面图，如图 4-20 所示。

　　编写的肺音智能诊断上位机系统界面图，如图 4-21 所示。与心音智能诊断系统类似，开发的肺音智能诊断系统也主要包括显示区、操作区和诊断区三个部分。开发的肺音智能诊断系统可以实现对呼吸频率、呼气时间和吸气时间等反映肺部健康状况的指标进行表征。将得到的反映受试者肺部健康的指标与典型数据进行对比，从而实现对受试者肺部健康状况的智能化诊断。

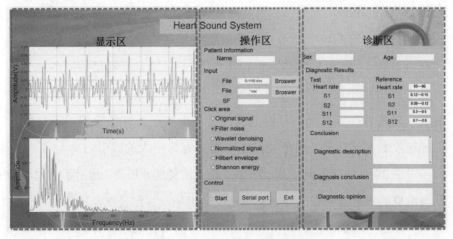

图 4-20　心音智能诊断系统界面

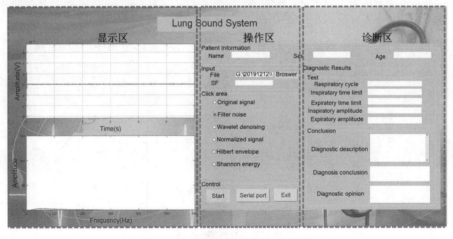

图 4-21　肺音智能诊断系统界面

4.2　基于蜂窝状 PMUT 阵列的水听器

作为水下声学检测设备，水声系统在水声通信、海洋军事、水下成像、水下定位和声呐系统中发挥着越来越重要的作用[6,8,9,111,112,118-120]。水听器是水声系统中最重要的部件之一，是用于检测和记录水下声压信号的核心单元。由于高频声压信号在水中的波长较短，因此在水下高频（数十千赫兹以上）的声学信号在传输过程中损耗非常大。因此，水听器通常在 1 Hz～10 kHz 的低频下进行工作[121]。尽管水听器已经以多种形式为各种应用而开发，但对水听器的高灵敏度、低等效噪声密度和小型化的要求越来越高。另外，良好的线性度用于实现高性能检测、小型化、低加速度和灵活部署等性能也对水听器具有非常大的吸引力。

早在 1910 年就提出了基于大体积压电陶瓷的水听器，此后基于大体积压电陶瓷的水听器一直主导着整个水听器市场。直到现在，市场上最先进的水听器都是基于精密切割技术在庞大的压电陶瓷上进行制造的。图 4-22 显示了一种典型的基于精密切割技术制造的商用传统压电陶瓷水听器[181]。基于压电陶瓷制备的水听器存在制造成本较高、体积较大，需要复杂的组装技术来形成面阵等缺点，从而阻碍了其在各种实际应用中的发展[18]。

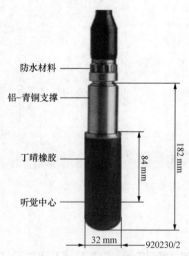

防水材料

铝-青铜支撑

丁晴橡胶

听觉中心

182 mm

84 mm

32 mm

920230/2

图 4-22　基于压电陶瓷的水听器[181]

随着 MEMS 技术的发展，水听器正逐步走向小型化和集成化。MEMS 水听器具有体积小、功耗低的显著特点。基于 AlN 压电敏感层的压电

MEMS 水听器由于其高性能、紧凑的尺寸以及与半导体批量制造工艺的良好兼容性而备受关注[18-20]。另外，由于水听器具有高灵敏度、低等效噪声密度的应用需求。因此，我们基于第 2 章开发的蜂窝状 PMUT 阵列设计了一种 MEMS 压电水听器系统，设计的水听器系统具有高声压灵敏度、低等效噪声密度的特点。本节内容主要是系统分析了基于蜂窝状 PMUT 阵列的水听器的系统噪声、声压灵敏度和等效噪声密度等关键指标。另外，将基于蜂窝状 PMUT 阵列开发的水听器与商用水听器进行了对比。与成熟的传统商用压电陶瓷水听器相比，基于蜂窝状 PMUT 阵列开发的水听器具有更高的声压灵敏度、更低的等效噪声密度、更小的尺寸和更低的功耗。

4.2.1　水听器噪声分析

水听器自噪声的大小会限制开发的水听器可检测到声压的最小值。为了实现水听器低噪声的应用需求，本书设计了一种前置放大电路来读取基于蜂窝状 PMUT 阵列的水听器在工作期间产生的电荷。图 4-23 显示了设计的水听器前置放大电路的原理示意图。在本书中针对蜂窝状 PMUT 阵列高阻抗的特点，设计的前置放大电路采用了电压读取模式，且设置在 10 Hz～50 kHz 的频率范围增益为 40 dB。

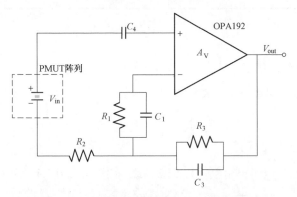

图 4-23　水听器前置放大电路原理示意图

水听器自噪声的大小会限制水听器可检测声压的最小值。因此，在水听器设计时应尽可能地降低开发的水听器的自噪声。通过对基于蜂窝状 PMUT 阵列设计的水听器噪声源进行分析可以发现，设计的基于蜂窝状 PMUT 阵列的水听器的噪声源主要有：

① $u_{\tan\delta}$：$\tan\delta$ 噪声或蜂窝状 PMUT 阵列压电层的介电损耗；

② u_v：前置放大电路的输入电压噪声；

③ u_i：前置放大电路的输入电流噪声；

④ u_j：高兆欧电阻器 R_b 的约翰逊（热）噪声。

表 4-2 列出了开发的基于蜂窝状 PMUT 阵列的水听器的电压噪声密度的各个组成部分。

表 4-2　基于蜂窝状 PMUT 阵列开发的水听器的噪声源

噪声源	噪声密度	描述
$\tan\delta$ 噪声	$u_{\tan\delta}=\sqrt{4kT\omega C_0\tan\delta}\,\dfrac{R_b}{\sqrt{1+\omega^2C_0^2R_b^2}}A_v$	压电层噪声
输入电压噪声	$u_v=e_nA_v$	前置放大器的输入电压噪声
输入电流噪声	$u_i=i_n\dfrac{R_b}{\sqrt{1+\omega^2C_0^2R_b^2}}A_v$	前置放大器的输入电流噪声
热噪声	$u_j=\sqrt{\dfrac{4kT}{R_b}}\dfrac{R_b}{\sqrt{1+\omega^2C_0^2R_b^2}}A_v$	电阻热噪声
整体噪声	$\bar{u}=\sqrt{u_{\tan\delta}{}^2+u_v^2+u_i^2+u_j^2}$	水听器的整体噪声密度

其中，

k：玻耳兹曼常数（1.38×10^{23} J/K）

T：热力学温度（300 K）

ω：工作频率

A_v：电路电压增益

e_n：输入电压噪声密度（11.5 nV/√Hz at 10 Hz and 5.5 nV/√Hz at 1 kHz）

i_n：输入电流噪声密度（1.5 fA/√Hz）

tan δ：压电层的介电损耗（溅射氮化铝：0.005）

通过表 4-2 列出的基于蜂窝状 PMUT 阵列的水听器电压噪声密度各分量来计算基于蜂窝状 PMUT 阵列水听器的电压等效噪声密度。图 4-24 显示了计算的基于蜂窝状 PMUT 阵列各分量电压噪声密度和整体的电压噪声密度。从图 4-24 中可以看出，高兆欧电阻器的约翰逊噪声在低频范围内（高达 700 Hz）占主导地位。在中频（700 Hz～1 kHz）范围内，基于蜂窝状 PMUT 阵列的水听器 tan δ 噪声、电压噪声和约翰逊噪声在合成的噪声密度中占主导地位。在高频（＞1 kHz）时，前置放大电路的电压噪声占主要地位。

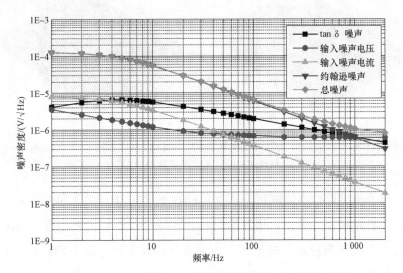

图 4-24　基于蜂窝状 PMUT 阵列水听器的电压噪声密度

4.2.2　水听器封装测试

由于设计的水听器前置放大电路采用电压读取模式，因此为了减少蜂窝状 PMUT 阵列与其前置放大电路之间的寄生电容，需要将蜂窝状 PMUT 阵列与其前置放大电路集成到同一块 PCB 上，从而尽可能地减小前置放大电路与蜂窝状 PMUT 阵列之间的寄生电容。蜂窝状 PMUT 阵列与前置放大电路采用引线键合的方式进行连接后集成到同一块 PCB 上的实物图，如图 4-25 所示。在同一块 PCB 上同时集成蜂窝状 PMUT 阵列和其前置放大电路，设计在 PCB 背面集成前置放大电路，在 PCB 的正面对蜂窝状 PMUT 阵列进行布置。图 4-25（a）显示了定制的前置放大电路图。图 4-25（b）显示了蜂窝状 PMUT 阵列通过导电银浆粘到定制的前置放大电路正面。然后通过键合引线将蜂窝状 PMUT 阵列和定制的前置放大电路进行连接，这种设计可以尽可能地减小蜂窝状 PMUT 阵列与其前置放大电路之间的寄生电容。

图 4-25 前置放大电路与蜂窝状 PMUT 阵列集成到同一块 PCB 上
（a）前置放大电路；（b）蜂窝状 PMUT 阵列

为了便于进行水下测试，需要对蜂窝状 PMUT 阵列和其前置放大电路进行密封封装。另外，进行密封封装还可以对蜂窝状 PMUT 阵列和水介质之间的声阻抗进行调节，从而减少声压在传播过程中的反射、散射和衰减的损耗。因此，本书最终将组装好的带有蜂窝状 PMUT 阵列和前置放大电路的 PCB 由透声 JA-2S 浇注聚氨酯材料进行了密封封装。图 4-26 显示了基于蜂窝状 PMUT 阵列设计的水听器实物图，最终封装好的水听器尺寸为 1.5 cm×0.8 cm×2 cm。另外，由于 PCB 封装是用于测试，还可以通过采用专用集成电路（ASIC）芯片来代替前置放大电路中使用的分立元件，这样可以进一步显著地减小水听器的封装尺寸。

为了验证开发的水听器的性能，需要将封装好的水听器进行水下声压测试。基于蜂窝状 PMUT 阵列的水听器分别在频率为 215 Hz，大小为

20 Pa 的声压和频率为 500 Hz，大小为 40 Pa 的声压信号驱动下，水听器的输出信号波形如图 4-27 所示。从图 4-27 中可以看出，开发的基于蜂窝状 PMUT 阵列的水听器检测到声信号后，可以输出的电压信号且没有失真。因此，通过水下声压测试可以表明开发的基于蜂窝状 PMUT 阵列的水听器可以用于对水下声压信号进行检测。

图 4-26　基于蜂窝状 PMUT 阵列的水听器

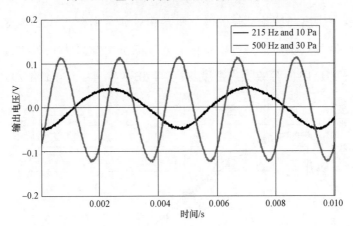

图 4-27　基于蜂窝状 PMUT 阵列的水听器在不同入射声压和频率下的电压响应

4.2.3　水听器等效噪声密度测试

水听器的等效噪声密度是衡量水听器性能的一个重要的指标。开发的水听器等效噪声密度越小，可以说明开发的水听器噪声密度越小或声压灵敏度越大。因此，对开发的基于蜂窝状 PMUT 阵列的水听器进行等效噪声密度分析对于衡量设计的水听器性能具有重要的意义。

基于蜂窝状 PMUT 阵列的水听器等效噪声密度，ND_{eq}，可以通过式（4-1）进行计算得到。

$$ND_{eq} = \frac{ND}{S} \qquad (4\text{-}1)$$

其中，ND 是噪声密度；S 表示水听器的声压灵敏度。

在对开发的基于蜂窝状 PMUT 阵列的水听器等效噪声密度进行理论计算时，总 ND 可以使用表 4-2 中列出的典型水听器噪声源 u_v、u_I、$u_{\tan\delta}$ 和 u_j 进行计算。通过式（4-1）计算得到的理论等效噪声密度与实际测试的等效噪声密度进行对比，可以作为判断开发的水听器理论计算的自噪声可靠性依据。图 4-28 中对比了开发的基于蜂窝状 PMUT 阵列的水听器理论等效噪声密度和实测的等效噪声密度。从图中可以看出，测试得到的等效噪声密度与理论计算的等效噪声密度非常吻合。从图 4-28 中的测试的水听器等效噪声密度可以看出，开发的基于蜂窝状 PMUT 阵列的水听器在 1 kHz 时的等效噪声密度约为 44 dB（参考：1 μPa/√Hz）。

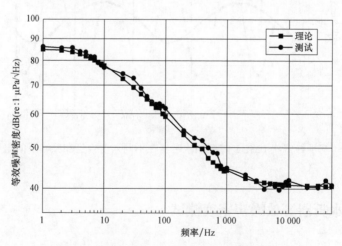

图 4-28　基于蜂窝状 PMUT 阵列的水听器的
理论等效噪声密度与实测等效噪声密

4.2.4 水听器声压灵敏度测试

声压灵敏度是衡量水听器性能的一个重要的指标。水听器声压灵敏度的高低会反映可检测声压的大小。开发的基于蜂窝状 PMUT 阵列的水听器声压灵敏度测试是通过行业标准的水听器验证单元（B & K 声学系统）来进行测试的。图 4-29 显示了使用行业标准的水听器验证单元（B & K 声学系统）测试基于蜂窝状 PMUT 阵列水听器的测试系统框图。测试用的水听器验证单元（B & K 声学系统）中自带一个声源和标准水听器。在实验过程中，将开发的水听器放入水听器验证单元（B & K 声学系统）中，水听器验证单元（B & K 声学系统）会驱动声源产生一个已知大小的标准声压信号，利用 USB 6210 Multifunction I/O Device 采集卡对水听器输出的电压信号进行采集，然后将采集到的信号在上位机进行分析。

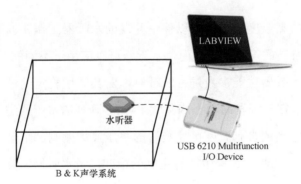

图 4-29　基于蜂窝状 PMUT 阵列水听器在室温下的声压灵敏

如图 4-30 显示了开发的基于蜂窝状 PMUT 阵列的水听器在室温下不同频率的声压灵敏度。从图中可以看出，开发的基于蜂窝状 PMUT 阵列的水听器在室温下 10 Hz～50 kHz 的频带范围内显示出非常平坦的响应，且显示出的声压灵敏度为（−164±0.5）dB（参考：1 V/μPa）。

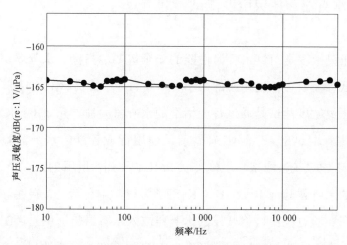

图 4-30　基于蜂窝状 PMUT 阵列的水听器在室温下的声压灵敏度

4.2.5　水听器温度稳定性测试

　　水听器的高温度稳定性可以保证开发的水听器工作在温差较大的环境中使其具有高的可靠性，从而使水听器可以应用于不同的领域。因此，在对开发的水听器性能参数进行表征时，对其温度稳定性进行测试具有重要的意义。在对开发的基于蜂窝状 PMUT 阵列的水听器进行温度稳定性测试时，定制的带有温度可控装置的声压灵敏度测试平台示意图，如图 4-31 所示。在测试过程中，将定制的标准参考水听器和开发的基于蜂窝状 PMUT 阵列的水听器一起固定在距离发射传感器 10 cm 的地方，且发射传感器和接收传感器设置为等高，正对固定。加热装置对整个测试系统进行加热，利用信号发生器驱动发射传感器发射声压信号，采用定制的标准参考水听器和开发的基于蜂窝状 PMUT 阵列的水听器同时接收声压信号。在实验过程中，测试系统每变化 5 ℃时，采集一组基于蜂窝状 PMUT 阵列水听器的声压灵敏度进行分析。

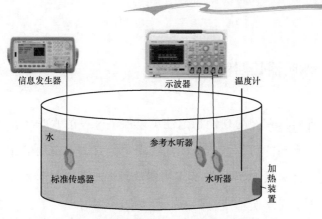

图 4-31　温度可控的测试实验装置示意图

图 4-32 显示了测试得到的基于蜂窝状 PMUT 阵列的水听器在 5～70 ℃的温度范围内变化时的声压灵敏度。从图 4-32 中可以看出，基于蜂窝状 PMUT 阵列开发的水听器在 5～70 ℃的温度范围内的声压灵敏度为（−164±0.5）dB（参考：1 V/μPa），且具有非常平坦的声压响应。通过对图 4-32 中的测试数据进行分析可以发现，基于蜂窝状 PMUT 阵列的水听器在 5～70 ℃的温度范围内声压灵敏度变化小于±0.5 dB。与商用成熟的水听器进行对比，开发的基于蜂窝状 PMUT 阵列的水听器在 5～70 ℃温度范围内具有高的温度稳定性，高的温度稳定性保证了开发的水听器在实际应用过程中的可靠性。

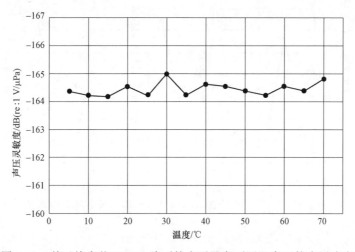

图 4-32　基于蜂窝状 PMUT 阵列的水听器在不同温度下的声压响应

4.2.6　水听器长期稳定性测试

　　水听器具有好的长期稳定性可以保证开发的水听器在长时间的使用过程中具有高的可靠性，在实际应用中具有非常重要的作用。为了对开发的基于蜂窝状 PMUT 阵列水听器的长期稳定性进行测试，本书采用在自然环境下对水听器进行保存，并每隔一段时间对其声压灵敏度进行测试的方法来进行实验。在实验过程中，通过在 150 d 内测试水听器的声压灵敏度，从而实现对水听器的长期稳定性进行标定。采用这种方法标定水听器的长期稳定性可以实现和水听器在实际使用过程中相似的条件。图 4-33 显示了在 150 d 内测试的基于蜂窝状 PMUT 阵列开发的水听器的声压灵敏度，并依据其声压灵敏度的漂移量计算了水听器的时间稳定性。从图 4-33 中可以看出，基于蜂窝状 PMUT 阵列的水听器在 150 d 内的声压灵敏度漂移量小于 ±0.5 dB（±0.3%）。与商用水听器进行对比可以发现，设计的基于蜂窝状 PMUT 阵列的水听器具有良好的长期稳定性。

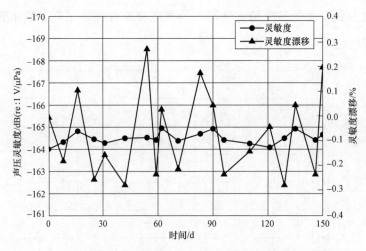

图 4-33　基于蜂窝状 PMUT 阵列水听器的长期稳定性测试

4.2.7　水听器非线性测试

　　水听器非线性的大小是衡量开发的水听器是否可以应用于高精度测试领域的重要指标。在水听器应用于高精度测试领域时，水听器具有高的非线性可以满足开发的水听器在高精度测试领域中对声压的大小进行检测。为了衡量开发的基于蜂窝状 PMUT 阵列的水听器非线性的大小，采用图 4-29 所示的测试系统对开发的水听器的非线性进行了测试。图 4-34 显示了开发的基于蜂窝状 PMUT 阵列的水听器在声压范围从 10 Pa 到 50 Pa 进行变化时，测试的基于蜂窝状 PMUT 阵列的水听器输出电压响应的结果。

　　测试得到的基于蜂窝状 PMUT 阵列的水听器的最大非线性约为 0.1%，如图 4-34 所示。测试结果表明，开发的基于蜂窝状 PMUT 阵列的水听器的非线性远优于同频率范围内的同类产品[178]。与应用于高精度测试领域的商用水听器进行对比可以发现，开发的基于蜂窝状 PMUT 阵列的水听器可以满足在高精度测试领域中对水听器非线性的应用需求。

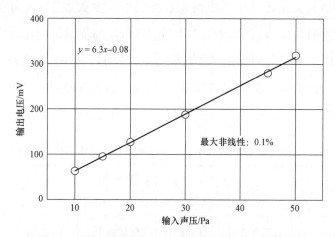

图 4-34　基于蜂窝状 PMUT 阵列的水听器非线性测试

表 4-3 列出了开发的基于蜂窝状 PMUT 阵列的水听器在工作带宽内测得的整体性能参数。

表 4-3　测试基于蜂窝状 PMUT 阵列的水听器的整体性能参数

性能参数	值
f_{air}	0.92 MHz
f_{water}	0.39 MHz
Q_{air}	232
Q_{water}	34
电容（低频）	273 pF
声压灵敏度（参考：1 V/μPa）	−164.5 dB±0.5 dB
等效噪声密度（参考：1 μPa/√Hz）	44 dB at 1 kHz
最大非线性	0.1%
工作带宽	10 Hz～50 kHz
蜂窝状 PMUT 阵列尺寸	3.2 mm × 3.2 mm
水听器尺寸	1.5 cm × 0.8 cm × 2 cm
150 d 内最大灵敏度漂移量	±0.3%
温度稳定性（5～70 ℃）	±0.5 dB
功耗	4.5 mW

针对水听器高声压灵敏度和低等效噪声密度的应用需求，本书将开发的水听器与先进的商用压电陶瓷水听器性能参数进行了对比。表 4-4 显示了开发的基于蜂窝状 PMUT 阵列的水听器与先进的商用压电陶瓷水听器的性能参数进行对比的结果。从表 4-4 中可以看出，与成熟的商用水听器相比，所提出的基于蜂窝状 PMUT 阵列的水听器声压灵敏度和等效噪声密度都至少提高了 3 倍，同时具有更小的尺寸和更低的功耗。

表 4-4　基于蜂窝状 PMUT 阵列的水听器与商用水听器性能对比

水听器	技术	接收灵敏度/dB（参考：1 V/μPa）	噪声分辨率/dB（参考：1 μPa/√Hz）	水听器尺寸/cm	功耗/mW
Benthowave 7015[143]	压电陶瓷	−176±3	56 @1 kHz	N.A	N.A
Reson TC4047[179]	压电陶瓷	−191±3	51 @1 kHz	N.A	N.A

续表

水听器	技术	接收灵敏度/dB（参考：1 V/μPa）	噪声分辨率/dB（参考：1 μPa/√ Hz）	水听器尺寸/cm	功耗/mW
Cetacean CR2[180]	压电陶瓷	−214±3	68 @1 kHz	N.A	N.A
B & K 8103[181]	压电陶瓷	−211±2	N.A.	Φ 0.9 cm×5 cm	N.A
Aquarian H2a[182]	压电陶瓷	−180±4	～80	Φ 2.5 cm×4.6 cm	N.A
DophinEar DE200[183]	压电陶瓷	−209±1.5	75	Φ 6 cm×0.75 cm	63
蜂窝状 PMUT 阵列	MEMS 压电	−164.5±0.5	44 @1 kHz	1.5 cm×0.8 cm×2 cm	4.5

4.3　本章小结

　　本章在第 2 章对蜂窝状 PMUT 结构设计和特性分析和第 3 章对蜂窝状 PMUT 性能表征的基础上，开展了基于设计的高性能蜂窝状 PMUT 阵列的应用研究。本章首次报道了基于 PMUT 阵列开发的电子听诊器样机来进行连续监测机械声心肺信号。开发的基于蜂窝状 PMUT 阵列的电子听诊器样机表现出了大的声压灵敏度、高噪声分辨率和大带宽的特点。将开发的基于蜂窝状 PMUT 阵列的电子听诊器样机进行临床测试，以监测来自健康受试者和有既往疾病的患者的心肺的生理和病理机械声学信号。临床实验结果表明，基于蜂窝状 PMUT 阵列设计的电子听诊器用于机械声学心肺信号的连续监测是可行的，且可用于心肺功能障碍的识别、早期检测和实时监测。另外，由于 PMUT 具有低成本和可扩展的优势，因此设计的基于蜂窝状 PMUT 阵列的电子听诊器在可穿戴健康护理应用中显示出良好的潜在用途。另外，本章基于 MATLAB GUI 界面设计了一套上位机心肺音智能诊断系统，可以满足对常规心肺疾病进行智能诊断的需求。这部分内容发表在了 IEEE Internet of Things Journal 和 IEEE

34th International Conference on Micro Electro Mechanical Systems（MEMS）上。基于 MATLAB GUI 界面开发的心肺音智能诊断系统申请了软件著作"心肺音智能诊断系统"。

针对高性能水听器设计需要的高灵敏度、低等效噪声密度的应用需求。本书开发了一种基于蜂窝状 PMUT 阵列的水听器系统。然后，对开发的基于蜂窝状 PMUT 阵列的水听器系统进行了声压灵敏度表征、噪声分析、等效噪声密度分析、温度稳定性表征和长期稳定性表征。测试结果表明了设计的基于蜂窝状 PMUT 阵列的水听器在 1 kHz 时表现出 −164.5 dB（参考：1 V/μPa）的声压灵敏度和 44 dB（参考：1 μPa/√Hz）的等效噪声密度。然后将开发的水听器与市售的先进商用水听器进行性能对比，对比结果表明开发的基于蜂窝状 PMUT 阵列的水听器在声压灵敏度和等效噪声密度等方面都具有很大的优势。另外，基于 MEMS 工艺设计的基于蜂窝状 PMUT 阵列的水听器表现出更小的体积和更低的成本。开发的基于蜂窝状 PMUT 阵列的水听器在高精尖水下超声应用领域中显示出巨大的潜力。这部分内容发表在了《IEEE Electron Device Letters》和《IEEE Transactions on Electron Devices》上。

第 5 章　总结与展望

5.1　工作总结

基于 AlN 压电敏感层材料设计的 PMUT 具有低的相对介电常数、与 CMOS 制造工艺完全兼容、易于实现二维阵列、与主流系统级封装（System-in-package，SiP）技术兼容、易与水、空气等低密度介质实现声阻抗匹配等特点而被广泛关注。但是，相比于 PZT，AlN 具有低的压电系数。低的压电系数会导致基于 AlN 压电敏感层材料设计的 PMUT 的发射灵敏度低于基于 PZT 压电敏感层材料设计的 PMUT。本书为了提高基于 AlN 压电敏感层材料设计的 PMUT 的灵敏度，将 PMUT 敏感单元设计为六边形结构，并将设计的六边形敏感单元结构按照仿生蜂窝状结构进行排列。开发的蜂窝状 PMUT 阵列因其具有高的填充率，从而使设计的 PMUT 在单位面积内具有高的灵敏度。

本书针对早期心肺疾病筛查不足的问题和高性能水听器设备开发的迫切需求，基于蜂窝状 PMUT 阵列开发了一种电子听诊器样机和设计了一套高性能水听器系统。开发的基于蜂窝状 PMUT 阵列的电子听诊器样机可以实现持续心肺信号采集，远程监测和数字化智能诊断。设计的基于蜂窝状 PMUT 阵列的水听器系统与基于压电陶瓷的市售大体积水听器相比具有更高的声压灵敏度和更低的等效噪声密度。

本书主要围绕蜂窝状 PMUT 的设计和特性进行分析进行研究。然后，针对目前对早期心肺疾病筛查的不足和高性能水听器应用的迫切需求，开展针对基于蜂窝状 PMUT 阵列的电子听诊器样机和水听器系统进行研究。本书的主要研究内容可以总结如下：

① 本书通过对蜂窝状 PMUT 敏感单元建立数值模型、等效电路模型和有限元模型来分析蜂窝状 PMUT 敏感单元的结构参数与性能参数的关系。在建立的数值模型、等效电路模型和有限元模型中可以推导出蜂窝状 PMUT 敏感单元的特性参数表达式。通过推导得到的蜂窝状 PMUT 敏感单元的特征参数表达式可以为后续 PMUT 的结构设计提供理论基础。

采用分段法对设计的蜂窝状 PMUT 敏感单元进行数值建模，通过建立的数值模型对蜂窝状 PMUT 工作在发射模式下的静态位移、谐振状态下的路径位移进行了理论计算。采用 LDV 对加工的蜂窝状 PMUT 敏感单元的静态位移、谐振状态下的路径位移进行了测试。将测试得到的蜂窝状 PMUT 敏感单元的静态路径位移和在谐振状态下的路径位移与采用分段法进行数值建模后得到的蜂窝状 PMUT 敏感单元的静态路径位移和在谐振状态下的路径位移进行了对比，验证了采用分段法建立的蜂窝状 PMUT 敏感单元数值模型的可靠性。

通过建立蜂窝状 PMUT 敏感单元等效电路模型有助于对蜂窝状 PMUT 的关键特征参数进行推导和便于对后端电路进行设计。本书通过能量法对建立的蜂窝状 PMUT 敏感单元等效电路模型进行了关键参数推导，确定了高灵敏度蜂窝状 PMUT 敏感单元结构的几何参数，并通过构建的蜂窝状 PMUT 敏感单元结构关键特性参数表达式，对蜂窝状 PMUT 敏感单元的结构特征参数进行推导。

对蜂窝状 PMUT 敏感单元建立三维有限元仿真模型，通过建立的三维有限元仿真模型对蜂窝状 PMUT 敏感单元的模态、应力等进行了计算。然后，基于建立的数值模型、等效电路模型和有限元模型对蜂窝状 PMUT 敏感单元的电极结构进行优化。当蜂窝状 PMUT 敏感单元以最佳上电极布置后，对敏感单元上电极设计为内电极结构和外电极结构对蜂窝状 PMUT 敏感单元的发射灵敏度的影响进行分析。分析发现当蜂窝状 PMUT 敏感单元工作在空气介质中时，蜂窝状 PMUT 敏感单元外电极结构设计具有比内电极结构设计更低的能量损耗。因此，相比于蜂窝状 PMUT 内电极结构设计，外电极结构设计具有更高的 Q 值，从而实现了更高的发射灵敏度。另外，采用传统圆形腔体结构设计的 PMUT 也具有相同的结论，即 PMUT 在空气介质中工作时，外电极结构设计具有比内电极结构设计更高的发射灵敏度。

最后，通过对建立的蜂窝状 PMUT 敏感单元的数值模型、等效电路模型和有限元模型进行计算，得到了蜂窝状 PMUT 敏感单元的结构特征参数，并将得到的结构特征参数进行版图设计和工艺实现，最终完成蜂窝状 PMUT 阵列的设计和加工。

② 针对应用于电子听诊器和水听器的 PMUT 阵列高灵敏度的需求，为了提高 PMUT 阵列的灵敏度，本书在将 PMUT 设计为蜂窝状的前提下，进一步对设计的蜂窝状 PMUT 的压电材料进行掺杂、结构进行优化、改变读取方式等进行研究，从而进一步提高了蜂窝状 PMUT 阵列的灵敏度。然后，对开发的蜂窝状 PMUT 阵列芯片进行了系统的表征，依次对开发的蜂窝状 PMUT 进行了形貌、敏感层 AlN 的晶向、初始电容值、谐振频率、最优电极占空比等进行了测试。其中，开发的蜂窝状 PMUT 阵列大小为 3.2 mm×3.2 mm，测试的 AlN 压电薄膜完全 c 轴取向，半高宽（FWHM）值为 1.38°。

另外，本书结合透声封装理论模型，围绕蜂窝状 PMUT 阵列封装的透声、无毒和防腐蚀等要求进行封装技术研究。最终，选取声阻抗与人体组织和水相近、无毒且耐腐蚀的 JA-2S 浇注聚氨酯作为封装材料，完成了对蜂窝状 PMUT 阵列的封装，为基于蜂窝状 PMUT 阵列的电子听诊器和水听器应用开发提供了保障。最后，针对蜂窝状 PMUT 的应用领域，搭建实验室测试系统，依次对蜂窝状 PMUT 阵列进行收发一体性能测试、发射电压响应级测试、接收灵敏度测试和指向性测试。测试结果表明，设计的蜂窝状 PMUT 阵列具有较好的收发特性，且蜂窝状 PMUT 阵列在水中的发射响应为 172 dB（参考：1 μPa/V），接收声压灵敏度为 −150 dB（参考：1 V/μPa），设计的蜂窝状 PMUT 在需要的扫描角度范围内无栅瓣出现，且伴随较低的旁瓣干扰。将开发的蜂窝状 PMUT 阵列与先进的商用换能器之间的性能进行对比。结果表明开发的蜂窝状 PMUT 阵列具有更高的接收灵敏度、更大的发射灵敏度和更好的指向性。此外，由于开发的蜂窝状 PMUT 阵列具有集成收发一体的设计，因此收发集成的蜂窝状 PMUT 阵列相比于市售的商用换能器具有更小的尺寸，因此蜂窝状 PMUT 阵列在便携式设备开发中显示出了巨大的商业价值。

③ 针对早期心肺疾病筛查不足的问题，开展基于蜂窝状 PMUT 阵列的电子听诊器样机研究。本书首次实现了基于 PMUT 阵列的电子听诊器样机的开发，并将开发的电子听诊器样机来进行连续机械声心肺信号监测。开发的基于蜂窝状 PMUT 阵列的电子听诊器样机表现出了大的声压灵敏度、高噪声分辨率和大带宽的特点。然后，将开发的基于蜂窝状 PMUT 阵列的电子听诊器样机进行临床测试，监测来自健康受试者和有既往疾病的患者的心肺的生理和病理机械声学信号。临床实验结果表明，基于蜂窝状 PMUT 阵列设计的电子听诊器样机用于机械声学心肺信号监测是可行的，且可用于心肺功能障碍的识别、早期检测和实时监测。另外，由于 PMUT 具有低成本和可扩展的优势，因此设计的基于蜂窝状 PMUT 阵列的电子听诊器在可穿戴健康护理应用中显示出良好的潜在用途。最后，本书基于 MATLAB GUI 针对设计的电子听诊器样机开发了一套智能诊断上位机系统，可以实现对常规心肺疾病进行智能诊断。

④ 随着水听器在水下应用需求的不断提高，高性能水听器的研发显得越来越迫在眉睫。针对水听器在应用时的高声压灵敏度、低等效噪声密度的应用需求。本书基于蜂窝状 PMUT 阵列设计了一种水听器系统。对设计的基于蜂窝状 PMUT 阵列的水听器依次进行了声压灵敏度分析、

噪声分析、等效噪声密度分析、温度稳定性分析和长期稳定性分析。测试结果表明，设计的基于蜂窝状 PMUT 阵列的水听器在 1 kHz 时表现出了 –164.5 dB（参考：1 V/μPa）的声压灵敏度和 44 dB（参考：1 μPa/√Hz）的等效噪声密度。然后，将设计的水听器与市售的先进商用水听器性能进行对比，对比结果表明设计的基于蜂窝状 PMUT 阵列的水听器在声压灵敏度和等效噪声密度等方面都有很大的优势。另外，基于 MEMS 工艺设计的蜂窝状 PMUT 阵列的水听器表现出更小的体积和更低的成本，在高精尖水下超声应用领域中显示出巨大的潜力。

5.2　工作展望

本书的主要内容是通过对蜂窝状 PMUT 敏感单元数值模型的建立，推导出蜂窝状 PMUT 敏感单元的特征参数表达式。根据得到的蜂窝状 PMUT 敏感单元的特征参数表达式对蜂窝状 PMUT 结构进行设计。另外，通过对蜂窝状 PMUT 敏感单元的电学、机械和声学特性进行分析，建立起了蜂窝状 PMUT 敏感单元的等效电路模型。并得到了蜂窝状 PMUT 设计所需的发射灵敏度和接收灵敏度等特性参量表达式，通过有限元仿真和实验测试对得到的特征参数表达式进行了验证。然后，通过对蜂窝状 PMUT 敏感单元电极结构进行了优化设计。分析发现蜂窝状 PMUT 工作在空气介质中时，蜂窝状 PMUT 能量损耗主要是由于其锚点损耗引起的。因此，通过优化 PMUT 电极设计可以有效地降低由于锚点损耗引起的能量损失，从而提高 PMUT 的发射灵敏度。最终，通过理论计算、有限元仿真和实验验证得出蜂窝状 PMUT 的外电极设计具有比内电极设计更低的能量损耗，从而使外电极设计的 PMUT 具有更高的发射灵敏度。

最后，对设计、加工的蜂窝状 PMUT 进行了封装、测试和应用研究。首次开发了基于蜂窝状 PMUT 阵列的高性能电子听诊器样机，实现了心肺音健康监测，并进行了临床验证。另外，基于蜂窝状 PMUT 阵列设计了一种高性能的水听器，并与商用水听器性能进行了对比。设计的水听器具有更高的声压灵敏度和更低的等效噪声密度。因此，蜂窝状 PMUT 阵列非常有利于高性能水下等设备的开发。但是，由于基于蜂窝状 PMUT 的超声系统中涉及到许多的技术难点，还需要进一步对存在的技术难点进行完善：

① 随着工业化、信息化、智能化的发展，超声系统已逐渐被应用于各行各业。而超声换能器可以实现声能、机械能和电能的相互转化，是超声系统的核心单元。由于，AlN 是无铅的，且是在低温（<400 ℃）下进行沉积。因此，基于 AlN 压电敏感层材料设计的 PMUT 具有与 CMOS 标准制造工艺完全兼容的显著特征。但是，由于 AlN 的低压电系数，导致基于 AlN 压电敏感层材料设计的 PMUT 发射灵敏度存在不足。针对基于 AlN 压电敏感层材料设计的 PMUT 高灵敏度的应用需求，需要进一步研究不同掺杂材料和掺杂浓度对 AlN 压电系数的影响。从而需要进一步通过对掺杂 AlN 的研究来提高基于掺杂 AlN 压电敏感层材料的 PMUT 的灵敏度；

② 针对基于蜂窝状 PMUT 阵列的超声系统不同的应用环境，需要进一步对蜂窝状 PMUT 应用于不同环境进行封装时的封装材料和封装工艺进行研究。例如，当蜂窝状 PMUT 应用于深海中时，需要对封装材料的耐腐蚀性、耐压性进行进一步研究；

③ 随着工业技术的发展，超声系统在各种高精尖技术领域中的集成化、小型化需求越来越高。因此，为了实现超声系统的集成化和小型化，需要进一步对基于 MEMS 工艺开发的蜂窝状 PMUT 阵列的加工工艺和 IC 工艺的兼容性进行研究。即需要进一步对蜂窝状 PMUT 的加工工艺和基于 IC 工艺设计的蜂窝状 PMUT 的驱动和检测电路进行集成；

④ 本书首次开发了一种基于蜂窝状 PMUT 阵列的电子听诊器样机，并将开发的基于蜂窝状 PMUT 阵列的电子听诊器样机进行了临床测试。

但是，在将开发的电子听诊器样机进行临床实验过程中发现，由于缺少对应的心肺音疾病的数据模型，目前尚没有办法对基于开发的电子听诊器样机采集到的病理心肺音信号对应的心肺疾病类型作出判断。因此，为了使基于电子听诊器样机采集到的心肺音信号可以进行临床诊断，且为了保证心肺音临床测试的可靠性，需要进一步通过收集大量心肺音数据来建立心肺音疾病数据模型库。

参考文献

［1］林莉，李喜孟. 超声波频谱分析技术及其应用［M］. 北京：科学出版社，2009.

［2］冯若. 超声手册［M］. 北京：科学出版社，1999.

［3］施克仁，郭寓岷. 相控阵超声成像检测［M］. 北京：机械工业出版社，2010.

［4］Gallego-Juárez J A, Rodriguez-Corral G, Gaete-Garreton L. An ultrasonic transducer for high power applications in gases［J］. Ultrasonics, 1978, 16(6):267-271.

［5］Gururaja T, Schulze W A, Cross L E, et al. Piezoelectric composite materials for ultrasonic transducer applications. Part Ⅱ:Evaluation of ultrasonic medical applications［J］. IEEE Transactions on Sonics and Ultrasonics, 1985, 32(4):499-513.

［6］Dy A, Lei Y A, A X, et al. A piezoelectric AlN MEMS hydrophone with high sensitivity and low noise density［J］. Sensors and Actuators A:Physical, 2020, 318:112493.

［7］Wang R, Shen W, Zhang W, et al. Design and implementation of a jellyfish otolith-inspired MEMS vector hydrophone for low-frequency detection［J］. Microsystems & Nanoengineering, 2021, 7(1):1-10.

［8］Herrera B, Pop F, Cassella C, et al. Miniaturized PMUT-Based receiver for underwater acoustic networking［J］. Journal of Microelectromechanical Systems, 2020, 29(5): 832-838.

［9］ Liu X, Chen D, Yang D, et al. A computational piezoelectric micro-machined ultrasonic transducer toward acoustic communication ［J］. IEEE Electron Device Letters, 2019, 40(6): 965-968.

［10］ Fu Y, Sun S, Wang Z, et al. Piezoelectric micromachined ultrasonic transducer with superior acoustic outputs for pulse-echo imaging application ［J］. IEEE Electron Device Letters, 2020, 41(10): 1572-1575.

［11］ Przybyla R, Flynn A, Jain V, et al. A micromechanical ultrasonic distance sensor with>1 meter range ［C］. Solid-state Sensors, Actuators & Microsystems Conference, 2011: 2070-2073.

［12］ Rui A, Cruz N, Matos A. Synchronized intelligent buoy network for underwater positioning ［C］. Oceans, 2010: 1-6.

［13］ 叶向红. 压电陶瓷超声换能器 ［J］. 技术与市场，2011，18（4）：191-192.

［14］ 林书玉. 匹配电路对压电陶瓷超声换能器振动性能的影响 ［J］. 压电与声光，1995，17（3）：4-5.

［15］ 林书玉，曹辉. 一种新型的径向振动高频压电陶瓷复合超声换能器 ［J］. 电子学报，2008，36（5）：5-6.

［16］ 林书玉. 双激励源压电陶瓷超声换能器的共振频率特性分析 ［J］. 电子学报，2009，37（11）：2504-2509.

［17］ 冯耿超，魏翔宇，杨君，等. 一种压电陶瓷超声换能器的预紧力施加方法，装置及系统：CN109820568A ［P］. 2019.

［18］ Xu J, Zhang X, Fernando S N, et al. AlN-on-SOI platform-based micro-machined hydrophone ［J］. Applied Physics Letters, 2016, 109(3): 032902.

［19］ Xu J, Chai K T-C, Wu G, et al. Low-cost, tiny-sized MEMS hydrophone sensor for water pipeline leak detection ［J］. IEEE Transactions on Industrial Electronics, 2018, 66(8): 6374-6382.

［20］Wang Q, Zhao L, Yang T, et al. A mathematical model of a piezoelectric micro-machined hydrophone with simulation and experimental validation［J］. IEEE Sensors Journal, 2021, 21(12): 13364-13372.

［21］Mengran L, Guojun Z, Xiaopeng S, et al. Design of the monolithic integrated array MEMS hydrophone［J］. IEEE Sensors Journal, 2015, 16(4): 989-995.

［22］Zhang R, Xue C, He C, et al. Design and performance analysis of capacitive micromachined ultrasonic transducer (CMUT) array for underwater imaging［J］. Microsystem Technologies, 2016, 22(12): 2939-2947.

［23］栾桂冬. 压电 MEMS 超声换能器研究进展［J］. 应用声学，2012，31（3）：10.

［24］何常德，张国军，王红亮，等. 电容式微机械超声换能器技术概述［J］. 中国医学物理学杂志，2016，33（12）：4.

［25］Dausch D E, Gilchrist K H, Carlson J B, et al. In vivo real-time 3-D intracardiac echo using PMUT arrays［J］. IEEE Transactions on Ultrasonics, Ferroelectrics, and Frequency Control, 2014, 61(10): 1754-1764.

［26］Klee M, Mauczok R, Van Heesch C, et al. Piezoelectric thin film platform for ultrasound transducer arrays［C］. 2011 IEEE International Ultrasonics Symposium, 2011: 196-199.

［27］Klee M, Boots H, Kumar B, et al. Ferroelectric and piezoelectric thin films and their applications for integrated capacitors, piezoelectric ultrasound transducers and piezoelectric switches［C］. IOP Conference Series: Materials Science and Engineering, 2010: 012008.

［28］Liang Y, Eovino B, Lin L. Piezoelectric micromachined ultrasonic transducers with pinned boundary structure〔J〕. Journal of Microelectromechanical Systems, 2020, 29(4): 585-591.

〔29〕 Lu Y, Tang H, Fung S, et al. Ultrasonic fingerprint sensor using a piezoelectric micromachined ultrasonic transducer array integrated with complementary metal oxide semiconductor electronics〔J〕. Applied Physics Letters, 2015, 106(26): 263503.

〔30〕 石建超. 电容式微超声换能器等效电路模型与优化设计〔D〕. 天津：天津大学，2017.

〔31〕 王红亮. CMUT 及其阵列工作机理与应用基础研究〔D〕. 天津：天津大学，2016.

〔32〕 Ladabaum I, Jin X, Soh H T, et al. Surface micromachined capacitive ultrasonic transducers〔J〕. IEEE Transactions on Ultrasonics, Ferroelectrics, and Frequency Control, 1998, 45(3): 678-690.

〔33〕 Gurun G, Tekes C, Zahorian J, et al. Single-chip CMUT-on-CMOS front-end system for real-time volumetric IVUS and ICE imaging〔J〕. IEEE Transactions on Ultrasonics, Ferroelectrics, and Frequency Control, 2014, 61(2): 239-250.

〔34〕 Park K K, Oralkan O, Khuri-Yakub B T. A comparison between conventional and collapse-mode capacitive micromachined ultrasonic transducers in 10-MHz 1-D arrays〔J〕. IEEE Transactions on Ultrasonics, Ferroelectrics, and Frequency Control, 2013, 60(6): 1245-1255.

〔35〕 Soh H, Ladabaum I, Atalar A, et al. Silicon micromachined ultrasonic immersion transducers〔J〕. Applied Physics Letters, 1996, 69(24): 3674-3676.

〔36〕 Eccardt P C, Niederer K. Micromachined ultrasound transducers with improved coupling factors from a CMOS compatible process〔J〕.

Ultrasonics, 2000, 38(1-8): 774-780.

[37] 宋金龙，郑欣怡，凤瑞，等. 新型电容式微机械超声波换能器（CMUT）设计及仿真分析 [J]. 电子器件，2021，44（5）：6.

[38] 孟亚楠，何常德，张斌珍，等. 面向 CMUT 换能器的微弱信号检测电路设计与分析 [J]. 传感器与微系统，2021，40（10）：5.

[39] 高铁成，远桂民，王昊. 电容式微机械超声换能器的设计与仿真 [J]. 天津工业大学学报，2021，（4）：84-88.

[40] 索文宇，任勇峰，吴敏，等. 电容式微机械超声换能器线阵的设计及超声成像 [J]. 微纳电子技术，2021，58（7）：9.

[41] 王红亮，蔚丽俊，刘涛，等. 电容式超声换能器小信号等效电路建模与仿真 [J]. 电子测量技术，2021，44（5）：6.

[42] 陈谋，何常德，张文栋，等. CMUT 电流信号的转化放大与滤波电路设计 [J]. 仪表技术与传感器，2020，（8）：6.

[43] 张泽芳，任勇峰，何常德. 基于 CMUT 的超声波信号检测及放大电路设计 [J]. 仪表技术与传感器，2020，（2）：4.

[44] 廉德钦. 电容式超声传感器信号提取电路设计 [D]. 太原：中北大学，2013.

[45] 宋光德，刘娟，栗大超. 电容式微加工超声传感器（CMUT）的结构设计及仿真 [J]. 纳米技术与精密工程，2005，3（2）：4.

[46] 蔚丽俊，王红亮，刘涛. 10 MHz 电容式超声换能器设计及有限元分析 [J]. 电子测量技术，2020，43（22）：5.

[47] 张慧，宋光德，官志坚，等. 电容式微加工超声传感器结构参数对性能的影响分析 [J]. 传感技术学报，2008，（6）：53-55.

[48] 郭明，何常德，郑永秋，等. 电容式微机械加工超声换能器的信号采集 [C]. 2016 年全国声学学术会议论文集，2016.

[49] 张丹丹. 柔性化电容式微加工超声换能器的设计与研制 [D]. 广州：华南理工大学，2017.

［50］ Wygant I O, Kupnik M, Khuri-Yakub B T. Analytically calculating membrane displacement and the equivalent circuit model of a circular CMUT cell［C］. 2008 IEEE Ultrasonics Symposium, 2008: 2111-2114.

［51］ Caronti A, Caliano G, Carotenuto R, et al. Capacitive micromachined ultrasonic transducer (CMUT) arrays for medical imaging［J］. Microelectronics Journal, 2006, 37(8): 770-777.

［52］ Gurun G, Hasler P, Degertekin F L. Front-end receiver electronics for high-frequency monolithic CMUT-on-CMOS imaging arrays［J］. IEEE Transactions on Ultrasonics, Ferroelectrics, and Frequency Control, 2011, 58(8): 1658-1668.

［53］ 林书玉. 超声技术的基石：超声换能器的原理及设计［J］. 物理，2009，（3）：8.

［54］ 富迪，陈豪，杨轶，等. MEMS 压电超声换能器二维阵列的制备方法［J］. 微纳电子技术，2011，48（8）：5.

［55］ 张晋弘. 基于 PZT 厚膜的 MEMS 超声换能器［D］. 合肥：中国科学技术大学，2009.

［56］ 郝聪聪，何常德，梁伟健，等. 水下应用的电容式微机械超声换能器阵列设计［J］. 应用声学，2017，36（5）：7.

［57］ 温建强，刘美丽. PZT 厚膜及高频超声换能器的研究［J］. 应用声学，2010，（1）：7.

［58］ Eccardt P-C, Niederer K, Fischer B. Micromachined transducers for ultrasound applications［C］. 1997 IEEE Ultrasonics Symposium Proceedings. An International Symposium (Cat. No. 97CH36118), 1997: 1609-1618.

［59］ Mills D M, Smith L S. Real-time in-vivo imaging with capacitive micromachined ultrasound transducer (cMUT) linear arrays［C］. IEEE Symposium on Ultrasonics, 2003: 568-571.

［60］ Emadi T A, Buchanan D A. Multiple moving membrane CMUT with enlarged membrane displacement and low pull-down voltage［J］. IEEE Electron Device Letters, 2013, 34(12): 1578-1580.

［61］ Jeong B-G, Kim D-K, Hong S-W, et al. Performance and reliability of new CMUT design with improved efficiency ［J］. Sensors and Actuators A: Physical, 2013, 199: 325-333.

［62］ Lu Y. Piezoelectric micromachined ultrasonic transducers for fingerprint sensing ［M］. Davis: University of California, 2015.

［63］ Wygant I O, Kupnik M, Windsor J C, et al. 50 kHz capacitive micromachined ultrasonic transducers for generation of highly directional sound with parametric arrays ［J］. IEEE Transactions on Ultrasonics, Ferroelectrics, and Frequency Control, 2009, 56(1): 193-203.

［64］ Qiu Y, Gigliotti J V, Wallace M, et al. Piezoelectric micromachined ultrasound transducer (PMUT) arrays for integrated sensing, actuation and imaging ［J］. Sensors, 2015, 15(4): 8020-8041.

［65］ Jiang X, Tang H-Y, Lu Y, et al. Ultrasonic fingerprint sensor with transmit beamforming based on a PMUT array bonded to CMOS circuitry ［J］. IEEE Transactions on Ultrasonics, Ferroelectrics, and Frequency Control, 2017, 64(9): 1401-1408.

［66］ Robichaud A, Deslandes D, Cicek P-V, et al. A system in package based on a piezoelectric micromachined ultrasonic transducer matrix for ranging applications ［J］. Sensors, 2021, 21(8): 2590.

［67］ Robichaud A. Transducteurs ultrasoniques piézoélectriques micro-machinés et circuit de contrôle ［D］. Montréal: École de technologie supérieure, 2020.

［68］ Yuan B, Li B, Weise T, et al. A new memetic algorithm with fitness approximation for the defect-tolerant logic mapping in crossbar-based nanoarchitectures[J]. IEEE Transactions on Evolutionary Computation, 2013, 18(6): 846-859.

［69］赵明阳. 基于 AlN 薄膜的压电超声换能器二维阵列的研究［D］. 西安：西安电子科技大学，2020.

［70］刘鑫鑫. 氮化铝薄膜 MEMS 压电超声换能器设计及应用［D］. 杭州：浙江大学，2019.

［71］李晖，尹峰. 适合高密度集成的 PMUT-on-CMOS 单元，阵列芯片及制造方法［P］. CN113441379B，2021.

［72］Cheeke J D N. Fundamentals and applications of ultrasonic waves[M]. London: CRC Press, 2010.

［73］Cochran S. Piezoelectricity and basic configurations for piezoelectric ultrasonic transducers［C］//Ultrasonic Transducers. Elsevier, 2012: 3-35.

［74］Ruby R C, Bradley P, Oshmyansky Y, et al. Thin film bulk wave acoustic resonators (FBAR) for wireless applications［C］//2001 IEEE Ultrasonics Symposium. Proceedings. An International Symposium (Cat. No. 01CH37263). 2001: 813-821.

［75］Jia L, Shi L, Liu C, et al. Enhancement of transmitting sensitivity of piezoelectric micromachined ultrasonic transducers by electrode design ［J］. IEEE Transactions on Ultrasonics, Ferroelectrics, and Frequency Control, 2021, 68(11): 3371-3377.

［76］Jia L, Shi L, Liu C, et al. Design and characterization of an aluminum nitride-based MEMS hydrophone with biologically honeycomb architecture ［J］. IEEE Transactions on Electron Devices, 2021, 68(9): 4656-4663.

［77］Wang Q, Lu Y, Mishin S, et al. Design, fabrication, and characterization of scandium aluminum nitride-based piezoelectric micromachined ultrasonic transducers [J]. Journal of Microelectromechanical Systems, 2017, 26(5): 1132-1139.

[78] Lu Y, Heidari A, Horsley D A. A high fill-factor annular array of high frequency piezoelectric micromachined ultrasonic transducers [J]. Journal of Microelectromechanical Systems, 2014, 24(4): 904-913.

[79] Wang Q, Luo G L, Kusano Y, et al. Low thermal budget surface micromachining process for piezoelectric micromachined ultrasonic transducer arrays with in-situ vacuum sealed cavities [C]//Hilton Head Workshop 2018: A Solid-State Sensors, Actuators and Microsystems Workshop, 2018: 245-248.

[80] Ledesma E, Zamora I, Torres F, et al. AlN piezoelectric micromachined ultrasonic transducer array monolithically fabricated on top of pre-processed CMOS substrates [C] //2019 20th International Conferencc on Solid-State Sensors, Actuators and Microsystems & Eurosensors XXXIII (TRANSDUCERS & EUROSENSORS XXXIII). 2019: 655-658.

[81] Jiang X, Lu Y, Tang H-Y, et al. Monolithic ultrasound fingerprint sensor [J]. Microsystems & Nanoengineering, 2017, 3(1): 1-8.

[82] Wang T, Sawada R, Lee C. A piezoelectric micromachined ultrasonic transducer using piston-like membrane motion [J]. IEEE Electron Device Letters, 2015, 36(9): 957-959.

[83] Chen X, Chen D, Liu X, et al. Transmitting sensitivity enhancement of piezoelectric micromachined ultrasonic transducers via residual stress localization by stiffness modification [J]. IEEE Electron Device Letters, 2019, 40(5): 796-799.

[84] Wang T, Lee C. Zero-bending piezoelectric micromachined ultrasonic

transducer (pMUT) with enhanced transmitting performance [J].
Journal of Microelectromechanical Systems, 2015, 24(6): 2083-2091.

[85] Lu Y, Wang Q, Horsley D A. Piezoelectric micromachined ultrasonic
transducers with increased coupling coefficient via series transduction
[C] //2015 IEEE International Ultrasonics Symposium (IUS). 2015:
1-4.

[86] Akhbari S, Sammoura F, Yang C, et al. Bimorph pMUT with dual
electrodes [C] //2015 28th IEEE International Conference on Micro
Electro Mechanical Systems (MEMS). 2015: 928-931.

[87] Jung J, Bastien J-C, Lefevre A, et al. Wafer-level experimental study of
residual stress in AlN-based bimorph piezoelectric micromachined
ultrasonic transducer [J]. Engineering Research Express, 2020, 2(4):
045013.

[88] Sammoura F, Shelton S, Akhbari S, et al. A two-port piezoelectric
micromachined ultrasonic transducer [C] //2014 Joint IEEE International
Symposium on the Applications of Ferroelectric, International
Workshop on Acoustic Transduction Materials and Devices &
Workshop on Piezoresponse Force Microscopy. 2014: 1-4.

[89] Liang Y, Eovino B E, Lin L. Pinned boundary piezoelectric micromachined
ultrasonic transducers [C] //2019 IEEE 32nd International Conference
on Micro Electro Mechanical Systems (MEMS). 2019: 791-794.

[90] Akhbari S, Sammoura F, Shelton S, et al. Highly responsive curved
aluminum nitride pMUT [C] //2014 IEEE 27th International Conference on
Micro Electro Mechanical Systems (MEMS). 2014: 124-127.

[91] Wang Z, Zhu W, Tan O K, et al. Ultrasound radiating performances of
piezoelectric micromachined ultrasonic transmitter [J]. Applied
Physics Letters, 2005, 86(3): 033508.

［92］ Shelton S, Rozen O, Guedes A, et al. Improved acoustic coupling of air-coupled micromachined ultrasonic transducers ［C］//2014 IEEE 27th International Conference on Micro Electro Mechanical Systems (MEMS). 2014: 753-756.

［93］ Yang Y, Tian H, Wang Y-F, et al. An ultra-high element density pMUT array with low crosstalk for 3-D medical imaging ［J］. Sensors, 2013, 13(8): 9624-9634.

［94］ Smyth K, Sodini C, Kim S-G. High electromechanical coupling piezoelectric micro-machined ultrasonic transducer (PMUT) elements for medical imaging ［C］//2017 19th International Conference on Solid-State Sensors, Actuators and Microsystems (TRANSDUCERS). 2017: 966-969.

［95］ Wang Y F, Ren T L, Yang Y, et al. High-density pMUT array for 3-D ultrasonic imaging based on reverse-bonding structure ［C］//2011 IEEE 24th International Conference on Micro Electro Mechanical Systems. 2011: 1035-1038.

［96］ Wang Y F, Yang Y, Ren T L, et al. Ultrasonic transducer array design for medical imaging based on MEMS technologies ［C］//2010 3rd International Conference on Biomedical Engineering and Informatics. 2010: 666-669.

［97］ Sadeghpour S, Pobedinskas P, Haenen K, et al. A piezoelectric micromachined ultrasound transducers (pMUT) array, for wide bandwidth underwater communication applications ［C］//Multidisciplinary Digital Publishing Institute Proceedings. 2017: 364.

［98］ Ahmad K A, Rahman M F A, Zain K A M, et al. A fluidics-based double flexural membrane piezoelectric micromachined ultrasonic transducer (PMUT) for wide-bandwidth underwater acoustic applications ［J］.

Sensors, 2021, 21(16): 5582.

［99］ Sadeghpour S, Kraft M, Puers R. Design and fabrication of a piezoelectric micromachined ultrasound transducer (pMUT) array for underwater communication ［C］ //Proceedings of Meetings on Acoustics ICU. 2019: 045006.

［100］ Gijsenbergh P, Halbach A, Jeong Y, et al. Polymer PMUT array for high-bandwidth underwater communications ［ C ］ //2020 IEEE Sensors. 2020: 1-4.

［101］ Gijsenbergh P, Halbach A, Jeong Y, et al. Characterization of polymer-based piezoelectric micromachined ultrasound transducers for short-range gesture recognition applications ［J］. Journal of Micromechanics and Microengineering, 2019, 29(7): 074001.

［102］ Huang C, Demi L, Torri G, et al. Display compatible pMUT device for mid air ultrasound gesture recognition ［C］ //11th Annual TechConnect World Innovation Conference and Expo, Held Jointly with the 20th Annual Nanotech Conference and Expo, the 2018 SBIR/STTR Spring Innovation Conference, and the Defense TechConnect DTC Spring Conference. 2018: 161-164.

［103］ Guaracao J M M, Kircher M, Wall F, et al. First time of nanoscopic electrostatic drives pushing for ultrasonic transmission for gesture recognition ［C］ //2020 IEEE International Ultrasonics Symposium (IUS). 2020: 1-4.

［104］ Ahmad K A, Manaf A A, Yaacob M I H M, et al. Design of polyimide based piezoelectric micromachined ultrasonic transducer for underwater imaging application ［C］ //Proceedings of the International Conference on Imaging, Signal Processing and Communication. 2017: 63-66.

［105］Gijsenbergh P, Billen M, Wysocka D, et al. Ultrasound imaging in mid-air using phased polymer PMUT array ［C］//2021 21st International Conference on Solid-State Sensors, Actuators and Microsystems (Transducers). 2021: 62-65.

［106］Pop F V, Herrera B, Cassella C, et al. PMUT-based real-time (RT)acoustic discovery architecture (ADA) for intrabody networks (IN) ［C］//2019 Joint Conference of the IEEE International Frequency Control Symposium and European Frequency and Time Forum (EFTF/IFC). 2019: 1-2.

［107］Sadeghpour S, Ingram M, Wang C, et al. A 128×1 phased array piezoelectric micromachined ultrasound transducer (pMUT) for medical imaging ［C］//2021 21st International Conference on Solid-State Sensors, Actuators and Microsystems (Transducers). 2021: 34-37.

［108］Khuri-Yakub B T, Oralkan O, Kupnik M. Next-gen ultrasound ［J］. IEEE Spectrum, 2009, 46(5): 44-54.

［109］Tang H Y, Lu Y, Jiang X, et al. 3-D ultrasonic fingerprint sensor-on-a-chip ［J］. IEEE Journal of Solid-State Circuits, 2016, 51(11): 2522-2533.

［110］Kim B, Joe H, Yu S C. High-precision underwater 3D mapping using imaging sonar for navigation of autonomous underwater vehicle ［J］. International Journal of Control, Automation and Systems, 2021: 1-10.

［111］Jia L, He C, Xue C, et al. The device characteristics and fabrication method of 72-element CMUT array for long-range underwater imaging applications ［J］. Microsystem Technologies, 2019, 25(4): 1195-1202.

［112］ D'eu J F, Royer J Y, Perrot J. Long-term autonomous hydrophones for large-scale hydroacoustic monitoring of the oceans ［C］//2012 Oceans-Yeosu. 2012: 1-6.

［113］ Rozen O, Block S T, Shelton S E, et al. Air-coupled aluminum nitride piezoelectric micromachined ultrasonic transducers at 0. 3 MHz to 0. 9 MHz ［C］//2015 28th IEEE International Conference on Micro Electro Mechanical Systems (MEMS). 2015: 921-924.

［114］ Przybyla R J, Shelton S E, Guedes A, et al. In-air rangefinding with an AlN piezoelectric micromachined ultrasound transducer ［J］. IEEE Sensors Journal, 2011, 11(11): 2690-2697.

［115］ Przybyla R, Izyumin I, Kline M, et al. An ultrasonic rangefinder based on an AlN piezoelectric micromachined ultrasound transducer ［C］//SENSORS, 2010 IEEE. 2010: 2417-2421.

［116］ Przybyla R J. Ultrasonic 3D rangefinder on a chip ［M］. Berkeley: University of California, Berkeley, 2013.

［117］ Campanella H, Camargo C J, Garcia J L, et al. Thin-film piezoelectric MEMS transducer suitable for middle-ear audio prostheses ［J］. Journal of Microelectromechanical Systems, 2012, 21(6): 1452-1463.

［118］ Stojanovic M, Preisig J. Underwater acoustic communication channels: propagation models and statistical characterization ［J］. IEEE Communications Magazine, 2009, 47(1): 84-89.

［119］ Almeida R, Cruz N, Matos A. Synchronized intelligent buoy network for underwater positioning ［C］//OCEANS 2010 MTS/IEEE SEATTLE. 2010: 1-6.

［120］ Wang R, Shen W, Zhang W, et al. Design and implementation of a jellyfish otolith-inspired MEMS vector hydrophone for low-frequency detection ［J］. Microsystems & Nanoengineering, 2021, 7(1): 1-10.

［121］ Saheban H, Kordrostami Z. Hydrophones, fundamental features, design considerations, and various structures: a review ［J］. Sensors and Actuators A: Physical, 2021, 112790.

［122］ 2018 官方中国心血管病报告［EB/OL］. https://www.xiaoyusan.com/bxzs_zjx/35433353, 2019-8-20.

［123］ 2019 年世界心脏日 ［EB/OL］. https://www.chinacdc. cn/jkzt/mxfcrj bhsh/jcysj/201909/t20190906_205348.html, 2019-9-6.

［124］ Shetty S, Kumar S. Design and development of low-cost electronic stethoscope trainer kit, Advances in Communication, Signal Processing, VLSI, and Embedded Systems ［M］. Springer, 2020: 203-212.

［125］ 李阳军，任重丹，李天华，等. 电子心音听诊器的研制 ［J］. 信阳师范学院学报：自然科学版，2015，28(3)：4.

［126］ Anand R. PC based monitoring of human heart sounds ［J］. Computers & Electrical Engineering, 2005, 31(2): 166-173.

［127］ Eisenberg, Lawrence. Electronic stethoscope system and method ［J］. Journal of the Acoustical Society of America, 1998, 86(2): 861.

［128］ Malik B, Eya N, Migdadi H, et al. Design and development of an electronic stethoscope ［C］. 2017 Internet Technologies and Applications (ITA), 2017: 324-328.

［129］ Lu Y, Tang H-Y, Fung S, et al. Pulse-echo ultrasound imaging using an AlN piezoelectric micromachined ultrasonic transducer array with transmit beam-forming ［J］. Journal of Microelectromechanical Systems, 2015, 25(1): 179-187.

［130］ Reddy J N. Theory and analysis of elastic plates and shells ［M］. London: CRC press, 2006.

［131］ Sammoura F, Smyth K, Bathurst S, et al. An analytical analysis of the sensitivity of circular piezoelectric micromachined ultrasonic transducers to residual stress [C]. 2012 IEEE International Ultrasonics Symposium, 2012: 580-583.

[132] Ikeda T. Fundamentals of piezoelectricity [M]. Oxford: Oxford University Press, 1996.

[133] Baborowski J, Ledermann N, Muralt P. Piezoelectric micromachined transducers (PMUT's) based on PZT thin films [C]. 2002 IEEE Ultrasonics Symposium, 2002. Proceedings, 2002: 1051-1054.

[134] Blevins R D, Plunkett R. Formulas for natural frequency and mode shape [J]. Journal of Applied Mechanics, 1980, 47(2): 461.

[135] Xu T, Zhao L, Jiang Z, et al. An analytical equivalent circuit model for optimization design of a broadband piezoelectric micromachined ultrasonic transducer with an annular diaphragm [J]. IEEE Transactions on Ultrasonics, Ferroelectrics, and Frequency Control, 2019, 66(11): 1760-1776.

[136] Smyth K, Bathurst S, Sammoura F, et al. Analytic solution for N-electrode actuated piezoelectric disk with application to piezoelectric micromachined ultrasonic transducers [J]. IEEE Transactions on Ultrasonics, Ferroelectrics, and Frequency Control, 2013, 60(8): 1756-1767.

[137] Shelton S, Chan M L, Park H, et al. CMOS-compatible AlN piezoelectric micromachined ultrasonic transducers [C]. 2009 IEEE International Ultrasonics Symposium, 2009: 402-405.

[138] Lu Y, Horsley D A. Modeling, fabrication, and characterization of piezoelectric micromachined ultrasonic transducer arrays based on cavity SOI wafers [J]. Journal of Microelectromechanical Systems, 2015, 24(4): 1142-1149.

[139] Greenspan M. Piston radiator: some extensions of the theory [J]. The Journal of the Acoustical Society of America, 1979, 65(3): 608-621.

[140] Wu G, Xu J, Ng E J, et al. MEMS resonators for frequency reference and timing applications [J]. Journal of Microelectromechanical Systems, 2020, 29(5): 1137-1166.

[141] Zhang X, Fincke J, Kuzmin A, et al. A single element 3D ultrasound tomography system [C]. 2015 37th Annual International Conference of the IEEE Engineering in Medicine and Biology Society (EMBC), 2015: 5541-5544.

[142] Roy S, Krishnan V P, Chandrashekar P, et al. An efficient numerical algorithm for the inversion of an integral transform arising in ultrasound imaging [J]. Journal of Mathematical Imaging and Vision, 2015, 53(1): 78-91.

[143] Benthowave Instrument Inc. Product Datasheet [EB/OL]. [2021-10-15]. https://www.benthowave.com/products/Specs/BII-7506-60Datasheet. pdf.

[144] Sensor Transducer Inc. Product Datasheet [EB/OL]. [2021-10-15]. https:// sensorproducts/custom-techcanada.com/acoustictransducers/ free-flooded-ring/sx30-fr-transducer/.

[145] Neptune Transducer. Product Datasheet [EB/OL]. [2021-10-15]. https://www. neptunesonar. co. uk/products/communications/t216.

[146] Jia L, Shi L, Sun C, et al. AlN based piezoelectric micromachined ultrasonic transducers for continuous monitoring of the mechano-acoustic cardiopulmonary signals [C]. 2021 IEEE 34th International Conference on Micro Electro Mechanical Systems (MEMS), 2021: 426-429.

[147] Xiao B, Xu Y, Bi X, et al. Follow the sound of children's heart: a

参考文献

deep-learning-based computer-aided pediatric CHDs diagnosis system [J]. IEEE Internet of Things Journal, 2019, 7(3): 1994-2004.

[148] Liu J, Miao F, Yin L, et al. A noncontact ballistocardiography-based IoMT system for cardiopulmonary health monitoring of discharged COVID-19 patients[J]. IEEE Internet of Things Journal, 2021, 8(21): 15807-15817.

[149] Bloom M W, Greenberg B, Jaarsma T, et al. Heart failure with reduced ejection fraction [J]. Nature Reviews Disease Primers, 2017, 3(1): 1-19.

[150] Zhao Z, Feng X, Chen X, et al. A wearable mechano-acoustic sensor based on electrochemical redox reaction for continuous cardiorespiratory monitoring [J]. Applied Physics Letters, 2021, 118(2): 023703.

[151] Miragoli M, Ceriotti P, Iafisco M, et al. Inhalation of peptide-loaded nanoparticles improves heart failure [J]. Science translational medicine, 2018, 10: 424.

[152] De Couto G, Ouzounian M, Liu P P. Early detection of myocardial dysfunction and heart failure [J]. Nature reviews Cardiology, 2010, 7(6): 334-344.

[153] Celermajer D S, Chow C K, Marijon E, et al. Cardiovascular disease in the developing world: prevalences, patterns, and the potential of early disease detection [J]. Journal of the American College of Cardiology, 2012, 60(14): 1207-1216.

[154] Kirk J A, Chakir K, Lee K H, et al. Pacemaker-induced transient asynchrony suppresses heart failure progression [J]. Science translational medicine, 2015, 7(319): 319207-319207.

[155] Wang T J, Levy D, Benjamin E J, et al. The epidemiology of asymptomatic left ventricular systolic dysfunction: implications for

screening〔J〕. Annals of internal medicine, 2003, 138(11): 907-916.

〔156〕 Fraiwan M, Fraiwan L, Alkhodari M, et al. Recognition of pulmonary diseases from lung sounds using convolutional neural networks and long short-term memory〔J〕. Journal of Ambient Intelligence and Humanized Computing, 2021: 1-13.

〔157〕 Qu M, Yang D, Chen X, et al. Heart sound monitoring based on a piezoelectric MEMS acoustic sensor〔C〕. 2021 IEEE 34th International Conference on Micro Electro Mechanical Systems (MEMS), 2021: 59-63.

〔158〕 Hu Y, Kim E G, Cao G, et al. Physiological acoustic sensing based on accelerometers: a survey for mobile healthcare〔J〕. Annals of biomedical engineering, 2014, 42(11): 2264-2277.

〔159〕 Sprague H B, Ongley P A. The clinical value of phonocardiography〔J〕. Circulation, 1954, 9(1): 127-134.

〔160〕 Liu Y, Norton J J, Qazi R, et al. Epidermal mechano-acoustic sensing electronics for cardiovascular diagnostics and human-machine interfaces〔J〕. Science Advances, 2016, 2(11): e1601185.

〔161〕 Bishop P. Evolution of the stethoscope〔J〕. Journal of the Royal Society of Medicine, 1980, 73(6): 448-456.

〔162〕 洪城, 王玮, 钟南山, 等. 听诊器的发明与发展〔J〕. 中华医史杂志, 2010, (6): 337-340.

〔163〕 Takabayashi A. Medical technology in use: a history of clinical thermometry in modern Britain and Japan〔J〕. East Asian Science, Technology and Society, 2019, 13(1): 17-37.

〔164〕 裴驭力. 心音信号的数字化处理系统[D]. 重庆: 重庆大学, 2005.

〔165〕 Fahad H, Ghani Khan M U, Saba T, et al. Microscopic abnormality classification of cardiac murmurs using ANFIS and HMM〔J〕.

Microscopy Research and Technique, 2018, 81(5): 449-457.

［166］ Pinto C, Pereira D, Ferreira-Coimbra J, et al. A comparative study of electronic stethoscopes for cardiac auscultation ［J］. Conf Proc IEEE Eng Med Biol Soc, 2017: 2610-2613.

［167］ Zhang G, Liu M, Guo N, et al. Design of the MEMS piezoresistive electronic heart sound sensor ［J］. Sensors, 2016, 16(11): 1728.

［168］ Pei Y, Wang W, Zhang G, et al. Design and implementation of T-type MEMS heart sound sensor ［J］. Sensors and Actuators A: Physical, 2019, 285: 308-318.

［169］ 郭楠，张国军，王续博，等. 基于声传感器的新型 MEMS 听诊探头结构设计初探 ［J］. 电子器件，2016，39（3）：535-539.

［170］ Hall L, Maple J, Agzarian J, et al. Sensor system for heart sound biomonitor ［J］. Microelectronics Journal, 2000, 31(7): 583-592.

［171］ Shkel A A, Kim E S. Continuous health monitoring with resonant-microphone-array-based wearable stethoscope ［J］. IEEE Sensors Journal, 2019, 19(12): 4629-4638.

［172］ Kusainov R K, Makukha V K. Evaluation of the applicability of MEMS microphone for auscultation ［C］. 2015 16th International Conference of Young Specialists on Micro/Nanotechnologies and Electron Devices, 2015: 595-597.

［173］ Pompilio P P, Sgura A, Pedotti A. A MEMS accelerometers based system for the measurement of lung sound delays［C］. 2010 5th Cairo International Biomedical Engineering Conference, 2010: 138-141.

［174］ Klum M, Leib F, Oberschelp C, et al. Wearable multimodal stethoscope patch for wireless biosignal acquisition and long-term auscultation ［C］. 2019 41st Annual International Conference of the IEEE Engineering in Medicine and Biology Society (EMBC), 2019:

5781-5785.

［175］ Wilson R A, Bamrah V S, Lindsay Jr J, et al. Diagnostic accuracy of seismocardiography compared with electrocardiography for the anatomic and physiologic diagnosis of coronary artery disease during exercise testing［J］. The American journal of cardiology, 1993, 71(7): 536-545.

［176］ Pinheiro E, Postolache O, Girão P. Theory and developments in an unobtrusive cardiovascular system representation: ballistocardiography［J］. The open biomedical engineering journal, 2010, 4: 201.

［177］ Abbas A K, Bassam R. Phonocardiography signal processing ［J］. Synthesis Lectures on Biomedical Engineering, 2009, 4(1): 1-194.

［178］ Han P, Pang S, Fan J, et al. Highly enhanced piezoelectric properties of PLZT/PVDF composite by tailoring the ceramic Curie temperature, particle size and volume fraction ［J］. Sensors and Actuators A: Physical, 2013, 204: 74-78.

［179］ Reson. Hydrophones-Types TC4047. Product Datasheet [EB/OL]. [2024-06-14]. http://www.teledynemarine.com/RESON-TC4047-HY DROPHONE/?BrandID=17.

［180］ Cetacean Research Technology. Hydrophones-Types CR2. Product Datasheet [EB/OL]. [2024-06-14]. http://www.cetaceanresearch.com/ hydrophones/cr2-hydrophone/index.html.

［181］ Brüel & Kjær. Hydrophones-Types 8103, 8104, 8105 and 8106. [EB/OL]. [2024-06-14]. https://www.bksv.com/-/media/literature/Product-Data/bp0317. ashx.

［182］ H2a Hydrophone User's Guide, Aquarian Audio, Anacortes, WA, USA [EB/OL]. [2024-06-14]. https://www.aquarianaudio.com/AqAud Docs/H2a_ manual. pdf.

［183］ DolphinEar Hydrophones. Product Datasheet [EB/OL]. [2024-06-14]. http://www. dolphinear.com/de200.html.

［184］ 3M^{TM} Littmann®3200 stethoscope. Product Datasheet [EB/OL]. [2024-06-14]. https://www.3m.com. cn/3M/zh_CN/p/d/b00037537/.